读客文化

勇于逃避

〔韩〕尹乙 著 章科佳 张蕊 译

海南出版社
·海口·

나는 도망칠 때 가장 용감한 얼굴이 된다
(I Put On My Bravest Face When I Run Away)
Copyright © 2021 by 윤을 (Youn Eul)
All rights reserved.
Simplified Chinese Copyright © 2022 by Dook Media Group Limited
Simplified Chinese language is arranged with Clayhouse Inc. through Eric Yang
Agency and CA-LINK International LLC

图书在版编目（CIP）数据

勇于逃避 / (韩) 尹乙著；章科佳, 张蕊译. —— 海
口：海南出版社, 2022.9
ISBN 978-7-5730-0741-4

Ⅰ.①勇… Ⅱ.①尹… ②章… ③张… Ⅲ.①成功心
理 - 通俗读物 Ⅳ.①B848.4-49

中国版本图书馆CIP数据核字(2022)第137682号

勇于逃避
YONGYU TAOBI

作　　者　[韩]尹乙
译　　者　章科佳　　张　蕊
责任编辑　胡守景
执行编辑　徐雁晖
封面设计　读客文化　021-33608320
印刷装订　三河市龙大印装有限公司
策　　划　读客文化
版　　权　读客文化
出版发行　海南出版社
地　　址　海口市金盘开发区建设三横路2号
邮　　编　570216
编辑电话　0898-66817036
网　　址　http://www.hncbs.cn
开　　本　880 毫米 × 1230 毫米　1/32
印　　张　6
字　　数　100千字
版　　次　2022年9月第1版
印　　次　2022年9月第1次印刷
书　　号　ISBN 978-7-5730-0741-4
定　　价　45.00元

如有印刷、装订质量问题，请致电010-87681002（免费更换，邮寄到付）
版权所有，侵权必究

从辩解到正当理由——逃避的技术

杰夫·戴尔（Geoff Dyer）的文字有一种让人欲罢不能的魔力。明明是在嘲讽自己，却让读者乖乖就范，毫无招架之力。七年前我还是编辑的时候，就因为他书中的一段文字而着了魔。

> 在外面的时候，想回到室内；在室内的时候，又想出去外面。更有甚者，心里想着坐下来，但一落座又想着必须马上起身；起身后，又想坐下。我就这样在落座和起身之间，虚度了自己的一生。

在这种状态下，又有多少人是自由的呢？我们工作的时候想着辞职，和恋人分手后又会思念对方。可笑的是，人一旦决定辞职，又会想起各种需要继续上班的理由；想给前任打一通电话，却又会冷不丁地冒出来彼此难续前缘的理由。我们的人生就在进退维谷中虚度，直到过了很久才幡然醒悟，感叹自己竟不知所求。

那本书将作者的内心表述为"废墟"。整本书遣词精准，再现了杰夫·戴尔这种复杂的精神状态。他说，"动物们逃跑的时候至少会认准一个方向，而我内心的种种却涌向四面八方"，换句话说，他已经意识到了自己所处的状况，要比成群逃跑的动物的处境更加危险。

可能就是在这个时候，"逃避"一词开始成为我生命中最重要的关键词，并促使我萌发出写一本"逃避"的书的想法。就像动物一样，朝着一个方向出逃，才能把你从不知道想要什么的无力状态中解脱出来。这也是一个最现实的方法。

当然，逃避说起来容易，做起来难。人们认为逃避是一种怯懦的行为，正如我们平时也会嘲笑他人逃避。而轮到自己逃避时，我们也会感受到无力和挫败。无论逃避的理由有多么正当，只要选择了逃避，所有的理由都会变成辩解。最后，人们左也不是右也不是，只能留在原地打转。

单凭决心，一个人是无法自行获得逃避的勇气的。我们还需要掌握将辩解变回理由的技术。只有明确区分辩解与正当的理由，并将理由充分展示出来，才能尽量避免在逃避时受到伤害。

事实上，逃避并不是一件丢人的事情。韩国诗人白石曾说过，自己走进山中并不是向这个世界认输；而中国的古代史书也有记载，"三十六策，走是上计"（《南齐书》卷二十六，列传第七"王敬则"）。向敌人露出后背的那刻起，我们就已很容易受到伤害。然而，没有准备就逃避，糊涂地跑错了地方，会遭受比战死沙场更大的打击。

因此，我们要善于逃避。逃避不能说逃就逃，而是在行动前，找到能捍卫自己尊严的理由。这也是本书存在的理由。不管是小时候还是现在，你可能经常听到别人劝你不要放弃、即便事情再难也要坚持到底、不要当胆小鬼等建议和忠告。毕竟，会有谁每天劝你"快逃"来过日子呢？

于我个人而言，我有过成功的逃避，也有过落了个浑身是伤的逃避；曾经坚持到底最后"牺牲"，也曾勇敢战斗最终获胜。这些经历让我明白一点——年纪越长，越是要善于逃避。只有成功地逃避，才能保护你自己，并为下一步的腾飞奠定基础。

本书涉及世间种种，既有我的亲身经历，也有周边朋友的故事，还有很多历史人物，以及小说中的虚构故事。四种不同的类型掺杂其中，能够帮助你认识比现实更加现实的世界。对我人生产生重大影响的文学和哲学上的教诲，也被我用作本书的理论依据。那些伟大的作家和哲学家，如果知道还有这样一本离经叛道的书提到了自己，肯定也会觉得很特别。

我很清楚，没有受到任何打击就逃避，是一件很难的事，所以本书并不是让你不顾一切就逃，更不是鼓动你逃避现实。

我只是非常想同大家分享逃避的技术，它一直以来都是我保护自己的最佳武器。

希望大家读完本书后，都有一种打了许久游戏，终于收获一件顶级装备的快感。如果大家穿的是皮鞋，那么现在请换上运动鞋，记得还要把运动鞋的鞋带系紧了。

目录

第 1 章

和自己的约定最重要

　　逃避并不意味着放弃所有，静待死亡。如果说放弃是在前进途中停下脚步，那么逃避就是为了生存，朝着现在行进方向的反方向全力奔袭。

世界上最不可能逃避的男人

菲利普·罗斯（Philip Roth），美国现代文学的代表作家，普利策文学奖、美国国家图书奖获得者，曾在白宫获授美国国家艺术勋章，可谓一代文学巨匠。从 1959 年发表处女作《再见，哥伦布》(*Goodbye, Columbus*) 开始，到 2010 年最后一部作品《复仇者》(*Nemesis*) 问世，在长达半个多世纪的创作生涯中，他笔耕不辍，仅公开发表的作品就超过三十部，称得上是为写作而奋斗终生的职业小说家，是一位实至名归的文学大师，远非那些稍纵即逝的文坛流星所能相提并论。

读到这里，你可能会觉得奇怪，本书明明以逃避为主题，却以一生都似乎和逃避毫无瓜葛的菲利普·罗斯开篇。的确，他一直以来都是以直面人生各种矛盾和问题的形象示人，但他真的完全没有想过要逃避吗？

结论是，菲利普·罗斯也曾逃避过，而且他的逃避对一个作家来说是生死攸关的。说得更冠冕堂皇一些，他的逃避就是作为作家在存在论上的逃避——他不想再写小说了。2012 年，也就是《复仇者》出版两年后，他明确表示"没有什么可写的了"，《复仇者》是自己的最后一部作品。在耄耋之年，而非四五十岁的时候宣布封笔，其中的分量可想而知。

而在宣布封笔六年后，即 2018 年 5 月，85 岁的他与世长辞，《复仇者》也如其所言，成为他留世的最后一部作品。写了五十多年小说的他，突然向世界昭告不再写作，想来这其中必有缘由。一想到自己心爱的作家就此搁笔，再也读不到他的文字，我的内心感到的不是遗憾，而是迫切地想要了解他的理由——他为什么会做出这样的选择，为什么一定要这样逃避？

他陈述的理由非常明确：没有什么可写的了。换言之，自己作为作家想要说的话都已经说出来了，没有理由再写下去了。菲利普·罗斯不是别人，他的确有资格说这样的话。寥寥数语，理由也足够充分，让人无可指摘，既没有俗套的修辞，也没有虚伪的夸张，却能够晓之以理，甚至动之以情，让人心生震动。

然而，这个理由仅仅是表面上的，真正的原因还未可知。要知道，他不是在《复仇者》出版的 2010 年，而是过了两年才宣布封笔的。从这点上推测，可能这两年间他还有其他要写的东西。

那么，藏在他公开的理由背后，让他选择逃避的真正原因又是什么呢？线索应该就在他的最后一部作品——《复仇者》中。《复仇者》讲述的故事，用一句话来概括，就是一个在本应逃走时没有逃，而不应逃走时却逃了的男人遭到了天谴。

故事发生在小儿麻痹症肆虐的纽瓦克，当时小说主人公坎特因为视力问题，没有和同龄人一样参加第二次世界大战。而身为一名体育老师，没能参战带来的亏欠心理，让他深感责任重大，坚定了他照顾孩子免受当地疾病传染的决心。因此，在孩子们接二连三感染后，他也没有选择逃走，而是坚守着自己的岗位。

不过，女友玛西亚无法坐视不管，她一再催促男友尽快离开纽瓦克，来到自己所在的印第安山——一个尚未出现小儿麻痹症感染的净土。尽管坎特之前已经婉拒过多次，但最终没有耐住心爱女友的恳请，还是选择了逃离纽瓦克，来到印第安山。然而，在这里平静的幸福生活的时间越长，坎特内心的罪孽感就越重。无论是视力问题，还是女友的恳请，都无法让他正视那个从战争和传染病中逃走的自己。

那么后来，坎特遭到了什么样的天谴呢？原来，他在前往印第安山之前就已经患上了小儿麻痹症。无论是在纽瓦克的时候孩子们相继感染，还是来到印第安山这片净土之后病毒开始在孩子中间传播，都是因为他本人——尽管这些无法得到证实。最终，当他发现自己也出现麻痹症状时，他做出了怎样的选择呢？坎特最终选择报复自己，最起码在天谴面前没有选择逃走。

读了《复仇者》，笔者才理解菲利普·罗斯为什么会在80岁的时候宣布封笔。坎特身上的诅咒，源自他随波逐流的人生态度。每每到人生重要抉择的关口，他自身的真实意愿却总是被置之度外。从没能参加二战，到留守纽瓦克，再到最后逃离纽瓦克，没有多少选择是真正出于他自身的意志。坎特的人生好像一直都被人推着走，而他本人的道德敏感性又异于常人，于是常常让自己陷进无端的自责当中。

因此，逃或者不逃并不重要，就算是要逃，只要是出于本意，符合自己的真实意愿，人们也会得到救赎。菲利普·罗斯的封笔宣言不正是这样吗？<u>不是因为年纪大了无法动手写作，也不是因为自己已经没有了写作的心力，而是完全因为自己主观上不愿再执笔了，于是将这个打算公布出来。</u>

他曾有句名言，"新手才需要去寻找灵感，我只是起床后去工作而已"。仔细推敲，就会发现他的逃避不能算作仓皇的放弃，而他的封笔宣言，只会让他更加值得敬佩。于是乎，不管是文学造诣上，还是思想境界上，哪怕是不赞同他的人，也无不对其作家生涯肃然起敬，而这既不是因为他小说写得好，也非他是某种道德楷模。

阅读励志书籍时的必备武器

经常阅读的人中，有很多会无视励志书籍。实际上，我也曾是其中的一员，这出于对这类书的自然抗拒，和以自我为中心的傲慢态度。我没什么需要改变的，就算有，也不想为之付出努力——这种自我陶醉会将自己封闭起来，拒绝任何形式的建议。而这类人往往生活比较稳定，不会因为一些事就心生涟漪，既不会羡慕他人，也不会战战兢兢，或瞻前顾后。他们对任何事都采取防御性的态度，不轻易抱有希望，自然也很少会失望。

而喜欢阅读这些书的人却很不一样，他们基本上属于乐观主义者，希望自己变得更好，并坚信只要足够努力，就可以实现自己的目标。爱情、金钱、健康、外语能力、人际关系、职场晋升等，他们想要的东西有很多，并愿意为之付出努力。如果没有乐观的心态，想必很难坚持下来。

近几年，我完成了从不读到读的转变——走出自己的舒适区，本身就意义非凡。但正如所有的事情都有两面性一样，这种尝试同样也有优缺点。最大的优点，就是自己的世界随之延展，意识到"我"不再是一成不变的人，而是可以拥有任何的其他身份，能够更加从容地尝试新鲜事物。而缺点，就是属于自己个性的东西都消失殆尽，而无法坚持内心的自我，所以到哪里都很难融入其中，同时由于做不到那个想象中更好的自己，也会感叹自己不中用。

励志类书籍读得越多，可能就越发感到自卑。金钱、健康、人际关系、外语水平、业务能力，自己哪一样都达不到想要的标准。但话说回来，自卑促使人奋发向上，而没有这样上进的心态，又何谈成为更好的自己呢？所以，适当的自卑在很多时候还是有用的，不过，重要的是如何将这种自卑和上进保持在一个健康的水平。如果做不到两者的平衡，只顾着埋头苦读，那么对读者来说，这类书反而会成为毒药。

而逃避就是维持两者平衡的最佳武器。我们按照励志书的要求，努力提升自己，尽力将不曾拥有的收入囊中；但如果这个过程并不顺利，就要懂得及时逃避。逃避并不意味着放弃所有，静待死亡。如果说放弃是在前进途中停下脚步，那么逃避就是为了生存，朝着现在行进方向的反方向全力奔袭。因此，逃避也需要技术。只有善于逃避，才能保护自己，并把握住成事的机会。

想要的东西越多，对生活越是充满热情，人就越需要懂得明智且理直气壮地逃避。曾有智者说过，幸福不在于得到的多，而在于计较的少，但我们只是芸芸众生中的一员，并非智者，不可能这样生活。因此，为了更加幸福的人生，我们必须学习如何逃避，而不是如何放弃。只有这样，才能坚实地保护自己免受外界各种力量的侵扰，达到自身的目的。

每天都在上演的自尊心战争

有了孩子之后，我在养育的过程中经常会惊叹自己的孩子简直是个天才。这是因为我是爸爸，而不是妈妈。你可能会觉得很困惑，这两者有什么关系？

虽说不是绝对，但大体上，在爸爸们的生活圈内，别的孩子所占的比重很小。爸爸们眼里只能看到自己的孩子，就缺乏比较对象，于是爸爸对孩子进行的是"绝对评价"。实际上，大多数孩子的聪明程度超乎想象，把他们称作天才都不为过。看到自己的孩子从出生时什么都不会，到后来一点点地学习、成长，作为爸爸没有理由不为之欢呼雀跃。

反观妈妈们，除了自己的孩子，她们还经常看到别的孩子，因此经常将自己的孩子和别的孩子进行比较，隐隐当中会徒添焦虑和烦恼。这样一来，妈妈就会自然地对孩子形成"相对评价"。所以在妈妈的眼里，孩子一般都不算是个天才。

而且爸爸的育儿负担显著小于妈妈，所以在爸爸眼里，孩子都是天才。从这个现象看来，获得幸福和满意的生活的捷径，就是不与他人作比较。尽管我们所有人都知道这个事实，但现实似乎没有这样的环境。从我们与他人接触的那一刻起，就开始把自己和他人进行比较并评价，周而复始地对自我进行相对评价，每天都像是困在其中一般。

正如萨特（Sartre）所说，我们都被囚禁在他人目光编织的地狱当中。况且韩国社会等级森严，无论什么都要论资排辈，甲乙双方尔虞我诈的戏码永不停歇。身处其中的我们，要维护自身的尊严并不容易。很多人也因自尊受伤而默默难过，亟须疗伤。

我也每天都在和这个问题作斗争。在一切以业绩论英雄的职场，这种自尊心的战争每天都在真实地上演。于我而言，特别是刚升任为团队主管，要对整个团队的业绩负责的时候，这其中的压力比想象的还要大。既想得到团队成员的认可，又想通过业绩获得领导的赏识，同时还想赢得商业伙伴的信赖。在此基础上，还渴求着自己在业务方面甚至为人方面，都能够出类拔萃。

最终，我把自己的身体拖垮了。在开始推进一个重要项目的时候，因压力陡增，我出现了上火发炎的症状，嘴角、舌头、上颚、整个口腔及喉咙长出无数疮口和溃疡，且不提说话和吃饭，就连喝水都成了问题。就这样病了十天左右，我的内心一直有个想法挥之不去——这是身体在对我发出的逃走信号，现在、立刻、马上！

然而我要逃离的又是什么呢？事实上，并没有人折磨我，没有人给我压力，也没有人要求我完美。折磨我的人，只有我自己。我们每天上演的自尊心战争虽然发生在人际关系当中，但实际上，大部分都是我们自己与希望得到他人认可的欲望之间的战争。

认识到这一点，我们就会发现单纯地回避责任、放弃项目，或干脆辞职不干，都不是真正意义上的逃避，这些行为只会让自己的自尊心遭受更大的打击。我们真正要逃离的对象不是特定的人或公司，更多的是藏在心底的自恋。"我必须这样才可以，所有人都在看我"——这种过度的自我意识，会不断地攻击和折磨我们。对此，我并不想轻描淡写地说一句"一切都取决于你的心态"，毕竟这种自我意识攻击自尊的情况，宛如自己锋利的牙齿撕咬着自己的肉，其中的痛楚可想而知。

就像那个绝不会弄洒酒的老人那样

我在二十几岁的时候，曾深受一位老人的影响。他是海明威小说中的人物，具体姓名不得而知。可能你会问，是不是那个连夜和大鱼展开殊死搏斗，名叫圣地亚哥的老渔夫。然而并不是，他没有出现在《老人与海》里，而是出现在了《一个干净明亮的地方》(*A Clean, Well-Lighted Place*)。

这是一篇仅有十二页的短篇小说，故事中的老人每天做的事情，就是深夜在咖啡馆里一个人喝白兰地。与展现出坚强的英雄气概的《老人与海》主人公圣地亚哥相比，他的存在感无论是在小说中还是在世界文学史上，都微不足道。这位老人耳朵不好使，听不见年轻侍者对自己的嘲讽；他也厌倦了自己整天虚度光阴，甚至还尝试过自行了结。他很有钱，但始终无法填充自己人生的虚无。他把自己逼到了放弃人生的境地，最终找到了度日的方法：每天晚上从家里出来，在一个干净明亮的咖啡馆里消磨时间。重点是明亮、安静且干净的咖啡馆，而不是那种昏暗喧闹的酒馆。在明亮雅致的咖啡馆里，他绝对不会弄洒手中的白兰地，哪怕是一滴。

这就是老人与自己的约定——在干净明亮的地方喝酒，而不洒出一滴。他通过恪守与自己的约定，来获得人生的意义与尊严。

老人这种看似不起眼的行为，直截了当地展示了怎样逃避才算是成功的逃避。首先我们需要认识到，仅从自己的空间或生活中逃离还远远不够。不然每当疲累的时候就逃避，便会每天被生活追着跑。

我们在前面说过，重要的不是逃避本身，而是要为成功出逃找一个保护自己的正当理由。和自己定下一个约定并忠实地履行，就是构造这种理由的最佳方法。

简单来说，逃避就是从 A 地移动至 B 地。不会逃避的人不断地从 A 到 B，从 B 到 C，再从 C 到 D。整个人生都在奔逃，这肯定不是各位想要的。对于我们来说，重要的不是离开 A 地，而是深耕 B 地，所以就需要在 B 地定下一个保护自己的约定。就像那个老人一样，找一个干净明亮的地方，并尽自己最大的努力不去破坏这种整洁的环境。和自己立下的约定，以及为之付出的努力本身，就是逃避最好的理由。

这件事，说起来简单，做起来却不容易。一般来说，遵守和自己的约定要比遵守和他人的约定更难；而比起那些重大的约定，看起来无足轻重的约定更容易失约。然而，当成功地遵守了和自己的约定，我们才学会了自我接纳，能够在不时感到虚无的生活中找到活下去的勇气，和不轻言放弃的力量。

海明威说，如果我们在这里取得了胜利，那么在任何地方都会取得胜利。这个世界是多么美好，值得为之拼搏，这就是我们在逃避的时候应当具备的精神。从 A 地逃离的时候，要相信自己能够在 B 地获胜。在小小的战役中取得的胜利，会让我们的人生更有尊严。

我们要逃离的不是这个世界，而是自己

不知道从什么时候开始，越来越多的人开始把"死撑"挂在嘴边。在这个残酷的世界，很难想象没有"死撑"的人生会是怎样的。肆意刁难的上司、干不完的工作、干瘪的钱包、令人窒息的人际关系、逐年恶化的健康状态等充斥了我们的人生，如果没有这种坚持的力量，我们的身边还能留下什么？

死撑下去的毅力的确能让人动容，但你想一直这么生活下

去吗？不去寻找其他的方法，一味地死撑到底，未来就会变得幸福吗？就算要硬扛下去，也要保持一种健康的心态才好，但这个过程当中必然会感到羞耻和愤怒，而它会不遗余力地攻击死撑着的你自己。《幸福散论》（*Propos sur le bonheur*）的作者法国哲学家阿兰（Alain）曾说道：

> 自己射出的箭最后都会射向自己。自己才是自己的敌人。

自己射出去的箭都会射向自己，是有原因的。箭就是感情的隐喻，阿兰指出，"感情总是伴随着强烈的后悔和恐惧"。不管是什么事，在死撑的初期都不无例外地充满了期待——幸运女神就在我身边，这看起来没什么难的。但这种期待一旦碰到一点点的失望，就会瞬间崩溃，像叠积木一样，稍有不慎，满盘皆输。如果事情进展得不顺利，或者遇到还需要再坚持的状况，在强烈的冲动下，原先抱有强烈期待的人会感到痛苦万分，并诅咒这个世界。最后，自己射出的箭就这样射中了自己。

我们只有在摆脱这种执念的时候，才能扪心自问为什么要痛苦地死撑，也是到了这时才会明白折磨我的不是这个世界，而是给自己立下条条框框的内心。

"我怎么会出现这种失误啊？我就不相信自己一点都做不

好；大家都指望着我呢，我必须完成；我是因为大家需要才这样的。"

意识到这一点，以上的各种想法就从我的体内退散出去，先前为了死撑而发紧的肌肉瞬间松弛下来，身子变得轻快，也便有了逃避的勇气。

现在你大致可以理解，为什么我总是说你要逃避的是自己，而不是这个世界。这实际上十分讽刺：要想成为你想要的样子，就必须摆脱自己；而当你想逃离这个世界的时候，你就会慢慢被自己孤立。生活中那些撇不开又无用的自恋、自尊，以及毫无根据的自卑，只能让你独守着一份傲气苦苦死撑。名义上的确能够死撑到底，甚至凭借自己出众的才能在自身所在领域取得成功，但人却不会因此变得幸福。这不过是"杀敌一千，自损八百"的行为，得到的也只是一场伤痕累累的胜利。因此，我们必须摆脱自己。只有成功地逃避，我们才能真正做到"一切皆有可能"。

我在生活中也在摆脱各种各样的自我，可惜还是有无数个自我没能成功摆脱。不过有一点我很明确，那就是无论何时，只要生活变得更好，都能归功于自己出逃后到达的新地方。

遇见一个全新的自我后，内心那种陌生而激动的感觉，相信你或多或少曾有过。拿自己来说，在从事文学工作十多年后，我转移到了股票和房产投资领域。曾经支配我的各种语言和文字退去之后，各种图表和数据逐渐涌来，而我的关注点也自然从内心的情感和想法，转向了外部世界的各种物质商品。生活的重心也开始从聚焦过去转到规划未来。尽管我的描述让两条职业道路看起来就像两个完全不同的世界，这当中没有比较二者孰优孰劣，但可以看见，一旦放下了曾经的束缚，个人的世界就会变得宽广起来。

如上所述，我们的人生翻开崭新一页的时间节点，就是那些逃开的时刻。凡是离开培养自己的上司和稳定的工作岗位，或独自面对各种挑战的人，都能切身体会，即使在试错后失败，也会在短时间内加倍成长。

逃避就是在进行一项全新的挑战。然而这个世界对我的挑战并不满意，把我囚禁在一个叫作"逃避"的牢笼里，生生地给我贴上"不负责任""懦弱"的标签。我们浸润在这样的世界之中，并完成了个人的社会化，开始习惯在并不需要坚持的事上进行无谓的挣扎：放弃尝试其他可能性的念头，只是为了升学而耗费本可好好利用的时光；讨厌被别人看不起，因此依然会在明明不适合自己的大企业苦苦支撑。我们之所以"死撑"，虽说是为了成为心目中的那个自己，但在这个过程中个人的世界也越来越窄。

就像是马场中的赛马，明明是按照他人的意志奋力奔跑，却还坚持以为那就是自己的意志。是时候摘掉眼罩了。不再沿着别人画的跑道奔跑，而是朝着你想去的方向奔去从没去过的地方。如果害怕那里不知道会有什么，那一步步来，先按照之前的跑道奔跑，如果能在这样的奔跑中获得认同，也会为之后出逃的自己提供初始的能量。

再次的怦然心动

　　人们觉得逃避是一种怯懦的行为，因此在那些艰难的时候，依然选择苦苦支撑，生怕被别人指指点点。

　　2011 年，现韩华老鹰队[1]的金泰均，被棒球迷戏称为"金跑跑"。当时他还在日本的千叶罗德海洋队，正当各个球队为联赛的排名激战正酣之时，他宣布放弃日本的职业生涯回归韩国。他陈述的理由是 3·11 日本地震带来的心理恐惧，及联赛中遭遇的腰伤，使得自己没有信心在日本继续职业生涯。

　　球迷对此的反应都非常冷淡，主要是因为他的理由并不充分。最为关键的是，他在联赛中途选择放弃，这很难说得过去。球迷们可以接受运动员失败后回归，但很难接受他们怯懦地临场逃避。

　　这种认知，就是我们逃避路上的第一只拦路虎。我们在生

1　Hanwha Eagles，韩国职业棒球联盟的一支球队。若无特别说明，本书脚注皆为译者注。

活中一直批判那些逃避的人，并暗示自己不要成为那种人。没有人会乐意自己被安上"跑跑"的绰号。

正因如此，我们在逃避的时候需要足够充分的理由。相比之下，接受他人的责难反倒是件小事，但如果逃避的理由甚至说服不了自己，产生的自我责备反倒会在心中留下巨大的阴影。所以说，逃避需要具体而精细的技术。表面上都是逃，但最终的结果却并不相同，它取决于逃避的理由及逃去的目的地，还取决于出逃后在所到的目的地做了什么，取得了怎样的成就。

逃避的理由能得到他人的同意固然很好，但首先要征得自己的同意。我的理由是否真实，只有自己最清楚，在这点上没有人能够欺骗自己。

人类历史上爆发了各种战争，有的人为了保卫祖国而英勇奋战，有的人却畏缩不前，他们也因此被划分为勇敢的英雄和懦弱的小人。之前介绍的菲利普·罗斯的小说《复仇者》中，最折磨主人公坎特的就是没能参加二战带来的负罪感。同样地，在韩国作家金承钰（김승옥）的小说《雾津纪行》（《무진기행》）中，支配主人公精神世界的也是他在朝鲜战争时期为躲避征兵而藏在偏屋里的记忆。

然而，不用说服全世界，哪怕有一个仅能说服自己的充足理由，小说主人公们就不会因为自己没法参战而黯然神伤。被誉为20世纪最杰出的小说家的詹姆斯·乔伊斯（James Joyce）

就是这样的人。第一次世界大战结束后，有人问乔伊斯在世界大战期间做了什么，显然这位民族主义者的提问是在谴责他没能上战场英勇杀敌。

他如是回答："我写了《尤利西斯》。你又做了什么呢？"这一问一答至今依然为人津津乐道，位于都柏林的詹姆斯·乔伊斯博物馆墙面上，还镌刻着这段能让游客瞬间静默的问答。自己做了一件比起参与战争、赢得战争更重要的事——这就是他的理由。对于他的这句回答，大家无一不肃然起敬。

如上所述，真正的理由并不是单纯地说明逃避的原因，逃离A地，在B地这个全新的地点实际做了什么才是重中之重。于詹姆斯·乔伊斯而言，他做到了，因此他可能比那些参战的人更具有英雄色彩。

这就是我们逃避的时候应有的态度。只有这样，我们在逃避的时候，才能在生理上和心理上保护自己。

不要把逃避想得过于简单。它不是一种被动的防守，也不是任何人都会的行为。逃避需要巨大的勇气，而要想逃得好，还需要细腻的技术。逃避的理由，以及这之后的行动，会让逃避本身变成一个了不起的行为。

如果你感觉自己深陷某个问题当中，或达到了忍耐的极限，为此而苦恼的过程本身就会让自己成长。因为此时，发现自己正在为一些无关紧要的事情所累，并意识到必须摆脱这种状态，就能够为去做更重要的事情创造可能性。

把为上司点份合胃口的午餐所耗费的精力，用来打电话问候父母。就算一开始可能会很难，但天也不会塌下来，而且从下一次开始，你就会变得能更勇敢地挑战自己真正想做的事情。这种过程不断反复，就会练出结实的用于逃走的肌肉，所有恐惧也会随之一扫而空，就像写了五十年小说的菲利普·罗斯，在宣布封笔的时候那般无所畏惧。

逃避的成败不在于从哪里出逃，
而在于跑向哪里。

第 2 章

人类最大的武器——
意志力的使用说明书

　　就算无从判断哪个方向是正确的，我们
也要凭借强大的意志力朝着一个方向出逃。
这样一来，即便最后发现方向是错误的，也
可以在那里重新开始。

你的原动力是什么？

此前，我们已经明确了放弃和逃避的区别。如果说放弃是在原地等死的行为，那么逃避就是为了活下去而朝某个方向的奋力疾驰。而如果说坚持并继续战斗是向前奔跑，那么逃避就是向后驰骋，它们同样需要付出努力，只是方向不一样。

你是往这边努力，还是朝那边努力，以及如何努力，都会得到截然不同的结果。决定我们行动的能量是什么呢？答案是意志。人类自身的局限，是每个人都不得不面对的宿命，但意志又给我们留了一些余地。

当然不是说，只要拥有坚强的意志就会无所不能；而是不管成功或失败，只要还有意志，就还可以选择和尝试。而且，这个意志在我们的理解力到达极限时，还会发挥出更大的威力。

人类的恐惧大部分源于陌生。第一次去的地方、第一次见的人、第一次吃的食物，面对各种陌生，我们的身体和心理都会不自觉地紧张。人们每天遇到的最大局限，就是这种理解力。

生活中的大多数事情，我们都没有充分的依据，只能根据有限的条件，瞬间做出各种危险万分的判断。其带来的结果就是每天都被模糊的瞬间填满——无法坚持，又无法放弃，而且无法逃离，只能和其他人一样小心翼翼，生怕出什么差错。笛卡尔（Descartes）曾对这种理解力的局限性进行了深入的思考。他的"我思故我在"正源自对自身理解力的怀疑，认为自己所能理解的不过就是"存在着怀疑的自己"这一事实。

我们之所以害怕逃避，并感到为难的原因正在于此。到底是站着不动继续坚持，还是逃出这里，仅凭自身有限的理解力，很难判断哪个才是更优解，于是就算是想逃走也会畏首畏尾。

笛卡尔全盘接受了理解力的局限性，并提出了意志力可以作为克服局限的工具。因为意志力和理解力不同，前者取决于自己所下的决心。

意志力是人类所拥有的最完全和最强大的力量。意志等同于神的力量。

这句话不能单纯地解读为励志书中常见的所谓"只要出发就能到达"或"希望一定能实现"。笛卡尔所谓的意志，是对错误选择有所准备，即哪怕是在百米跑中跑错了方向，也要跑到最后。

他把每次站在选择路口上的我们比喻为在森林中迷路的人。在森林里迷路时，最危险的就是没头没脑地走来走去。就算无从判断哪个方向是正确的，我们也要凭借强大的意志力朝着一个方向出逃。这样一来，即便最后发现方向是错误的，也可以在那里重新开始。

大学毕业后，我就职于一家策划并出版儿童书籍的公司。原以为工作氛围会像出版社那样自由而有创造力，但实际上公司的组织文化十分严肃。笔挺的西装、板正的领带，这些都是基本要求；办公室内不可穿拖鞋，距离上班时间还有半小时就有电话打来责怪迟到；甚至女性还不能在公开场所抽烟，新员工试用期时还得在高管面前满脸堆笑地表演特长。

进公司不到三个月，我就意识到这里不是能待的地方，于是一有空就会打探下家。最终，我获得了一家出版社的入职机会。从前，我就对这家出版社有所关注，已出版的图书类别非常对我的胃口，组织文化似乎较为自由，可是薪资比较低，工作也不算稳定。不过，我看重的组织文化这种东西，如果不亲身经历，根本无法准确了解。在冥思苦想了一个星期后，我明白对当时的自己来说，做出判断的依据还是不够充分，无法保证新入职的地方会比现在的地方更好。

就在我迷失方向、踌躇徘徊的时候，是偶然在书店里看到的笛卡尔拯救了我。那个在森林里迷路、不知所措的人，正是我。反正，以我受限的理解力不太可能做出最好的选择，但与其需要最佳选择，还不如具备朝着某个方向出逃的意志。如果逃的方向不对，那再就地逃一次。意识到这一点后，我内心对抉择的恐惧消失了。在笛卡尔的帮助下，当初挤破头才成功入职的第一份工作，我在三个月后就果断道了别。

可能是因为运气好，这次出逃很成功，在新的公司，我不仅遇见了生命中的贵人，让自己端稳了日后的饭碗，还拥有了尽情挥洒工作热情的办公环境，最重要的还是在自由轻松的环境中与一群友好的同事共事。在那里，我以自己的亲身经历，认识到了待遇和报酬会紧随着成绩和成长而来，在这基础上，甚至还会有好机会自动找上门来。

第一份工作的老板曾指责我是一个吃不了苦的懦弱的人，而赌上自己人生的第一次逃避，也是我有史以来最勇敢的行为。但结果让我离自己喜欢的生活更近了。如果没有笛卡尔让我意识到自己的意志力的巨大威力，可能我还需要在黑暗的森林深处徘徊更长的时间。

有了这段经历，让我对主导自己的人生更有信心。一想到自己是一个只要下定决心就能逃走的强大的人，在日常工作的时候，也会更加积极地表达自己的意见。而就算在无法判断局面的时候，内心的恐惧也没有之前的那样大了。只要拥有朝着一个方向逃走的意志，无论遇到什么困难，就都有战胜它的机会。

如果你还在因为优柔寡断而画地为牢，不管什么事，你都得做出选择，就像堂吉诃德和阿甘那样朝着某一个方向奋力疾驰。没有人能够在一生中总是做出正确的选择，而错误的选择的确会让情况变得更加糟糕。但是如果坐以待毙，只会陷入更深的泥沼。我们真正要害怕的，不是错误的选择，而是那个总是推迟做出选择的自己。

逃走并活下去的强烈意志

不管是小说还是电影，越是面向大众的作品，主人公的意志就越坚强，因为只有这样才能推动故事情节发展，并牢牢抓住观众的心，使之不迷离到故事之外。换句话说，让人生更有趣，让个人的故事一直延续下去的，就是我们的意志。

在伊坂幸太郎的小说《金色梦乡》(『ゴールデンスランバー』) 中，主人公青柳雅春被栽赃为杀害日本首相的凶手，一个巨大的阴谋让他沦为替罪羊，整个世界都在通缉他。而他的目标只有一个，那就是逃走并活下去。小说的故事情节再简单不过了，但读者们却对它爱不释手，热切地为主人公加油助威，希望他能够成功逃脱。到底谁是幕后黑手，自己如何才能活下去，青柳雅春都一无所知，对于他来说，只剩下了意志。而就是因为拥有这种坚强的意志，读者才会为之如痴如狂。

虽说一个普通人被陷害为国家元首谋杀犯的概率微乎其微，但在自证清白的过程中，主人公青柳雅春展现出的判断力、意志力和行动力，给平凡的我们带来了重要的启示。一直以来，我们接受的所有教育都是为了提高理解力。像"做事带点脑子吧""脑子进水了吗？"等指责别人判断错误的语句，无一例外都是讽刺别人理解能力低下。但是人生是一场实战，这个世界不会给我们充分的时间去熟悉各种状况。很多时候，人们需要依靠感觉或本能，而非理性去做出判断。因此，但凡励志类书籍都会强调经验和习惯的作用，因为丰富的经验和内化的习惯，是提升感觉或本能的水准所不可或缺的。

问题是，意外总在发生，而它是任何经验或习惯的力量都无法处理的，更何况，意外往往还是很多人第一次面临人生重要决定的时刻。有人会请教比自己经验丰富、更有智慧的人，但归根结底，所有的选择都是自己的分内之事，而实际上很多时候，我们根本没有时间深思熟虑，甚至请教他人。

我们害怕选择的原因很简单：任何选择都伴随着风险。人类沿着规避风险的方向不断演化而来，因此在很小的选择面前都会惴惴不安。这种不安让人类变得谨慎，帮助我们规避最差的选择。所以，人们总是希望一切照旧，这种惯性的力量非常强大，以至于如果不发生真正的大事，人们都不会谋求改变。也就是说，意志力总是需要一些原因来产生的。

那么，什么才会让我们产生意志力呢？正如《金色梦乡》中青柳雅春表现的那样，想要活下去的求生本能才能激发出最强大的意志力。"这样下去是会死的"这种觉悟，会帮助我们摆脱惯性，朝着相反的方向出逃。对危机的敏锐嗅觉，会为逃避所必需的强大引擎——意志力点火。

尽管如此，有些情况也是不可能逃避的，即便嗅觉再敏锐，逃避的勇气再充足。比如说，面临人生重大危机的时候，必须理智地应对。越是这种时候，越需要有强大的意志力。

检视你的记忆

朱利安·巴恩斯（Julian Barnes）的小说《终结的感觉》（*The Sense of an Ending*），讲述了一位记性不太好的老人得知自己年轻时期的所作所为及其造成的后果之后，让自己曾经平静的生活陷入混沌的故事。

主人公托尼得知自己的初恋女友维罗妮卡和自己的同窗死党艾德里安相恋后，同两人反目成仇，并写了一封诅咒他们的信。对于托尼来说，这只不过是一些充满怨恨的文字，他随后很快地忘记了此事并开始了新的生活。而对维罗妮卡和艾德里安而言，这封信则是预言，是诅咒的开始。

而谁又会责备托尼是个恶人呢？自己的恋人和自己最好的朋友看对了眼，换作你，会默默地接受这个事实，然后为他们的爱情喝彩吗？和托尼的预想相反，二人的结局非常惨痛。艾德里安后来自杀，而维罗妮卡被卷入这一不幸事件，余生终日惶惶。得知这一事实后，托尼受到的冲击与负罪感难以言表。他认为一切都是源于那封信的这种想法过于绝对，但终究他的负罪感也没有因此减轻。

该小说获得了布克奖，在世界范围内拥有众多的拥趸，因为它为读者提供了一个检视自己人生和记忆的契机。尽管事情过去了很久，托尼已然到了风烛残年，但并没有错过最后的机会。在维罗妮卡的母亲去世后，遗物中有一个日记本是留给托尼的，但奇怪的是维罗妮卡拒绝将日记本转交给他。虽然他不明白其中的原因，但并不认为这是一件无关紧要的事。为了了解真相，托尼开始接近维罗妮卡，事情的真相开始一点点显现，他也丝毫不逃避，而是直面问题，意识到了自己的错误并请求原谅。

人的一生之中总会犯错误，它们或大或小，其中也包含了影响我们一生的重大失误。但这之后我们的所作所为才是最关键的。有的人为了掩盖错误而犯下更大的错误，到最后也死不承认；有的人虽然觉察到为时已晚，仍努力想要改正。这并不仅限于戏剧化的犯罪行为，背叛心爱的人、给自己的挚友造成伤害的行为也同样如此。我们生活中经历的许多事情中，只有很少一部分能够让你有机会了解全貌，但我们却自以为掌控了一切，接着做出错误判断，并屏蔽掉一切不利于自己的信息，因为只有这样才能继续舒服地生活。随着年龄渐长，我们变得我行我素、对别人的意见置若罔闻的原因也在于此。一种叫作"没人比我更懂"的傲慢，蒙蔽了我们的眼睛和耳朵。

我们远离世界和真相，禁锢在自我的围城，误以为现在自己很安全。但城墙一旦建起，便不容易倒塌，因此而发生的大大小小的问题会让各种关系出现嫌隙。托尼在与前妻和女儿的相处中遇到诸多问题，也是他沉浸在自己的世界当中造成的。

逃出自我的围城，朝相反的方向出逃，需要的意志比想象的还要大。前文说过，生存本能能够激发意志力，同样，能够产生类似效果的还有好奇心。托尼就是凭借这份好奇心，打破了一直以来的惯性，最终发挥了自己的意志力去了解真相。

没有好奇心的生活是毫无生机的。如果你对一切都毫无兴趣，或仅为守好自己的一亩三分地而蜷缩一团，那么你的生活将会是一片死气沉沉。没有好奇心，就没有行动，也就不会起变化，当然也就对任何事情都毫无斗志，幸福也会因此越来越远。

要想拥有好奇心，就必须撇清所有的偏见与成见。虚怀若谷，包容一切，是好奇心的源泉。这需要接受笛卡尔所说的"我的理解是有限的"，怀疑并重新审视自己所知的一切。也正如他的那句"我思故我在"——只有意识到正在怀疑的我自己，我才算是存在的。

怀疑一切的哲学家笛卡尔所言的"怀疑"，与我们经常所说的怀疑主义大相径庭。怀疑主义的鼻祖、古希腊哲学家皮浪（Pyrrho）怀疑真理本身，是一位不折不扣的认识论上的怀疑主义者。既然人类的感官不能认识真理，那么就中止判断——这是皮浪所做出的判断。而笛卡尔的怀疑，是认识真理的手段，用于做出更彻底和正确的判断，因此他的怀疑是方法论上的怀疑。

好奇心在怀疑主义者眼里就是无用的东西，甚至是一种病态，而在笛卡尔眼里，它却能够让人有意识地去发现生活中的惊奇之处，并拥有更好的记忆力。老年托尼所展现的行为就印证了这一点。在没心没肺地生活了一辈子后，他带着好奇心，有意识地寻找到了生活的惊奇，还回想起了往事，过上了和之前截然不同的日子。

不过，忘记那些想要忘记的，再度过这一生，也不失为一个好的选择。平白无故的好奇心也有可能会打破生活的宁静，让我们陷入绝望的深渊。觊觎我们的捕食者很可能以好奇心为诱饵，将孱弱的我们一网打尽。只是，逃避记忆的时间越长，重新回忆起来时所遭受的冲击也会更大。

充满意志力的乐观主义者的幸福

哲学家阿兰曾说过，悲观主义是情绪的产物，而乐观主义是意志的产物。这真是一番真知灼见。意志作为我们行为的引擎，揪出我们感官犯下的错误，告诉我们什么是对的，什么是错的。假如没有源自意识的活动，人类不可能找到幸福。

看见辣炒年糕久煮之后变得干巴巴的，联想到自己的人生已经"枯萎"，我们就会变得悲观。而发挥意志力，往里面加入水、蔬菜和调料，重新煮开，我们就又能品尝到全新口味的辣炒年糕了。当这种不起眼的乐观渗透到日常的点点滴滴中时，我们的人生也会变得更加幸福。

当然，这也取决于结果。如果凭借坚强的意志力全力挑战，结果却不尽如人意，那么乐观主义者也会泄气。简单地把所有的问题归结于意志，也是错误的。正因如此，阿兰说："意志，就其本质上来说，最终是和失败相关联的观念。"因为一个人的意志很多时候不是通过意图或实际行为来评价的，而是通过结果进行评价的。

我们总是把失败的原因归结于意志力不足。2018年俄罗斯世界杯的时候，韩国在与瑞典、墨西哥对阵中失败，队员们消极的比赛态度成为众矢之的，诸如"缺乏攻击的意志和求胜心"等都是大家批判的重点。

考生考试失败，或是企业家创业失败，一般也会被认为是意志问题。在我还是团队主管的时候，就曾被上司训斥"没有意志力"，但在我看来，我缺少的不是意志，而是经验和窍门。实际上影响某种结果的因素不止一两个，但像这样把所有问题都推给意志力，事情看上去都会变得异常简单。解决问题的方法因而也会看上去非常简单，无非强化意志力罢了。

然而，意志力只是造成某一结果的部分原因，而不是全部。没有意志力，的确不会带来行动、成功以及幸福，但并不是说只要发挥了意志力，我就一定会成功和幸福。换句话说，意志是幸福的必要条件而非充分条件，不能因为结果不好，就把原因都归结到意志上。

很多人会误以为意志力不是逃避所必需的，而是忍受所必需的。但实际上，讽刺的是，如果将意志力用于忍耐，就会离幸福越来越远。我们再回头看看煮干的辣炒年糕吧。如果意志力用于忍耐，就会强忍着把干瘪的年糕吃进肚子。当然这种努力非常高尚，把这里的辣炒年糕换成其他东西，说不定还会是个英雄事迹，但是这样离幸福肯定是越来越远了。很多人把意志力用错了地方，并固执己见，最后虚度一生，变成活脱脱的悲剧主人公，还强言对自己的角色非常满意。

在忍耐中耗费的意志力会阻断我们的幸福。你想要坚持的不适合的工作会不停地攻击你，你不想分手而努力维持的恋人关系会啃噬你的灵魂。意志力作为人类最好的武器，而且是人们唯一可以无限使用的东西，却被只用作忍耐，而让生活离幸福越来越远，难道不是件非常遗憾的事吗？

我们要记住"意志力—行动—乐观—幸福"的连环，也不要忘记行动中还包含逃避这个选项。如果你现在有无法解决的问题，先检视一下自己的意志力吧。你内心的意志力是无限的，它会带你去到之前从未踏足的地方。

人生就算完蛋，也可以复原。

第 3 章

想象力会拯救逃避的我们吗？

让我们害怕逃避的是想象力，它让人把错误的理解当作事实；让我们意识到自己走错路的也是想象力，它会为我们提供一条新的路。

想象力不能随意使用

除了意志力，在理解不充分时，想象力也能够帮助我们。它和意志力一样强大，但运用起来危险且烦琐。

在现代社会，想象力被普遍认为是一种美德。"大胆想象，小心求证"让科学技术发展到了今天的这种程度，而我们享有的各种艺术和文化也是建立在想象力的基础上的。

然而，这种对想象力的正面态度登上历史舞台的时间并不长。尤为强调意志力作用的笛卡尔就曾告诫人们一天当中只能用很短的时间使用想象力进行考察，尽管他有时也会认可其作用，但仅限于辅助的层面上。而深受笛卡尔影响的阿兰，甚至还说过"想象力比古时候的刽子手还要残酷，只因它会集结恐怖"。

就连初生牛犊不怕虎的幼儿，在想象力从 3 岁左右开始变得发达之后，也会多出许多害怕的东西。很多人害怕逃避的原因也在于想象力。从熟悉的公司跳槽、自己创业，人们都会不由自主地想象可能发生的最坏状况。

有时候想象力不仅会制造恐惧，还可能会摧毁一个人的一生。伊恩·麦克尤恩（Ian McEwan）的小说《赎罪》（*Atonement*）中的主人公布里奥妮就是这种情况。

　　某一天，布里奥妮遇见了一件可怕的事情。在一个月黑风高的夜晚，就在自家庭院某个角落里，她的表姐罗拉被人强奸了。布里奥妮始终无法理解谁会这么做，为什么这么做。另一方面，她自小想象力就非常丰富，喜欢写剧本，作品还经常被搬上舞台。而从当天早上开始，她就不止一次看见保姆的儿子罗比似乎在调戏自己的姐姐塞西莉亚。布里奥妮看到罗比写给姐姐的信，并目睹了喷水池和书房内的场景，想象力更是被大大地激发了。

　　两人的恋爱关系让她心生嫉妒，甚至蒙蔽了她的双眼。最终，布里奥妮在所有家人和警察面前谎称自己就是犯罪现场的目击者。因为她的想象力，无罪的罗比变成了强奸犯，被关进了看守所，而后被遣往战场，一对恋人从此咫尺天涯。

　　过了很长一段时间，布里奥妮才意识到自己犯下了巨大的错误。她也无法真正理解自己当初为何会指认罗比就是强奸犯。她带着赎罪的心理放弃了平静的生活，在成为一名护士后投身战场。这是她意志力无限扩张的起点。在战场上，她间接地经历了罗比曾经历过的各种可怕的事情。

　　之后，她鼓起勇气去寻找与家人断绝关系而独自生活的塞西莉亚姐姐。在那里，她还见到了罗比。看见他和姐姐的爱情修成正果，布里奥妮深感欣慰，并向他们祈求原谅。一个自己都无法理解自己的愚蠢的人，凭借超凡的想象力犯下了不堪回首的错误，但她也靠着自己强大的意志力成功地完成了赎罪。

如果想象力可以摧毁一切，那么意志力就可以拯救所有。那么，是不是就像笛卡尔所说的那样，想象力是错误的根源，我们最后的救命稻草只有意志力？

其实也并非如此。《赎罪》的最后一部分表明，小说的前三部分只是为人们的想象力提供了一个机会，它们只是文中的小说家布里奥妮自己的封笔之作而已。事实上，罗比死在了战场上，而塞西莉亚同样遭到炮击而殒命。对布里奥妮来说，虽然她赎罪的意愿非常强烈，但是已经没有这样的机会了。

关于这个遗憾，布里奥妮再次用想象力进行了修补。她能做的最后的赎罪，就是写一部名为《赎罪》的小说。小说第一部分中，塞西莉亚和罗比的真心相爱以及自己的伪证都是事实，但第二、三部分中，罗比在战场上的经历以及和塞西莉亚的重逢，都是通过想象加工而成的故事。

想象力犯下的罪过，用想象力来弥补，这就是文学的力量吧。写小说就是最积极的赎罪——这种认识也是这部作品的作者伊恩·麦克尤恩最重要的写作论点。

《赎罪》赤裸裸地向我们展示了想象力的可怕，同时也展示了它也可以像意志力一样成为保护我们自身的力量。这也是前文之所以将其表述为"运用起来危险且烦琐"的原因。

我们学习逃避的技术，首先要明确地认识到想象力的作用。让我们害怕逃避的是想象力，它让人把错误的理解当作事实；让我们意识到自己走错路的也是想象力，它会为我们提供一条新的路。一言以蔽之，决定我们逃避质量的，就在于如何使用想象力这个武器。

年幼的布里奥妮的错误，就在于将想象中的事情误认为是事实。认为自己对某件事了如指掌，这种傲慢总是会给自己和他人带来不幸。我们必须谦虚地承认，自己的理解力在人生所有作选择的时刻都是不充分的，我们所谓的信念也终究不过是想象而已。只有这样，才能使意志力这一引擎发生错误的概率降到最低。

无法想象另一种人生的悲观主义者

P 这个人不管做什么，都会全情投入。坚持到底加上踏实肯干，目标导向型的性格让他二十几岁就拥有了几乎所有想要的东西，例如考上理想的大学，和喜欢很久的对象发展成为恋人。他的目标非常明确：从事稳定、有社会地位的工作，和相爱的人一起生活。这也是所有自信青年都期待实现的梦想。

可能是他的性格过于专注，两耳不闻窗外事，所以即使到了二十多岁，日子依然十分单调。每天准备注册会计师的资格考试，对心爱的女友全情投入，就是他生活的全部。但是，仅是这些就已能让他心满意足，感到不安时，想想自己梦想的未来就能驱散眼前的困难。

遗憾的是，没有人能够在人生的各个方面都春风得意，P也遭遇了危机。和他期待的不同，自己接二连三地在资格考试中失利，父母曾经如日中天的生意也越发艰难。随着时间的流逝，他的自信心跌到谷底，精神涣散，整日与酒为伴，最后交往了十年的女朋友也离开了他。他知道自己仅凭一番深情也无法留住女朋友，只能一个人喝醉在角落里哭泣，而越是这样，她的心就走得越远。

站在P女朋友的立场，她的确非常勇敢，且成功地逃离了。她同样也非常爱他。和他一样，自己十几年的岁月里，除了他，其他什么都没有。因此在逃走之前，她不知道挣扎了多久，对他的负罪感又不知道有多深重。但她有比P更大的梦想，她出于本能，知道现在就是逃走的最佳时刻，于是朝着完全不同的人生跑去。

与之相反，P无法想象另一种人生。女朋友离开后，他没有放弃会计师资格考试，也不与其他人交往。很长的一段时间里，P只是站在原地。

P到底哪里做错了？其实，他只是在事情开始不顺的时候没有选择逃避而已。正因为他没有那样选择，所以失去了更多东西。那些心诚则灵的故事，其实非常危险。

乐观可以给生活带来活力，对人生有益，固然需要坚持，但当结果不符合积极的信念或期望时，就要及时调整自己的信念，学会探索其他的道路，并懂得想象另一种未来。如果不这样去做，即便是豪气冲天的乐观主义者，都随时有可能变成悲观主义者，因为在人不再相信心诚则灵的瞬间，十有八九就会深陷自己一事无成的挫败感中。

如果不能想象另一种人生，人会迅速衰老。认为不贪图其他东西，安静地站在原地就是保护自己，其实是一种致命的错觉。拒绝新的挑战，不去认识新朋友，不学习新事物，人就会老去。

相反，打开前往新世界之门的那一瞬，人就会立刻恢复生气，而这与年龄无关。幸运的是，P 也开始想象每年去旅行的新生活，走出了低谷。他会为了积攒旅行的费用而努力工作，为了健康的身体而坚持锻炼，重新恢复了曾经的活力。

克服强大惯性的想象力

那是七年前的故事。有一天上班的时候，母亲突然打来电话。她的语气和平常不一样，听起来很不耐烦，一个劲地发牢骚说自己好像到了更年期，晚上睡不好，经常出汗发热，面色潮红。

我对此不以为然，认为更年期不就是像青春期一样，时间到了谁都会经历的自然现象吗？应该马上就会过去的吧。因为不想在工作中分心，我简单地安慰了她几句就把电话挂了。可能是察觉到了我的不耐烦，这之后母亲就不经常给我打电话了。但之后，父亲打电话过来详细描述了母亲的症状。

母亲经历的痛苦比我想象的还要多。比起身体上的症状，她内心的抑郁到了更加让人担心的程度。在网上搜索"更年期抑郁症"后，我发现了很多严重的病例，最后通常还会有专家提醒"切勿掉以轻心"。抑郁症带来的虚无感、丧失感、无力感，原来会夺走一个人生活的全部力量。

我反省了之前的态度，开始经常给母亲打电话，听听她最近发生的事，亲切地表达关心，鼓励她去做想做的事。仅仅是我的这一个小变化，母亲的心情就好了不少，而我也知道这还远远不够。母亲真正需要的是什么，这是我无论如何都无法猜到的。

答案还是由母亲自己找到了。她报名参加了福利中心组织的英语培训班，开始正儿八经地学习一门外语。在那里，她可以和拥有共同爱好的朋友一起专心学英语。她跟我说，虽然单词记不住，语法也很难，但没想到学英语这么有意思。看着一点点恢复往日生气的母亲，我意识到她需要的是可以专注的事物，那是能够引领母亲走入全新世界的充满魅力的东西。

随着年龄的增长，人们逐渐害怕尝试新的挑战。哪怕有人是真心为对方着想而劝其尝试新事物，对方大多也会摆手回绝"我都这个年纪了"。在我们的人生中，惯性的威力很强大。按照以往的方式生活最舒服，越是这样活，身体就越挪动不了。

对一辈子都没有什么烦恼的母亲来说也是如此。长时间的家庭主妇生活，让她懂得如何在自己的小世界里获得满足，没有必要去想象另一种生活。但经历了更年期抑郁之后，她本能地感受到必须改变自己的生活路径了。不过惯性的力量常常会阻碍全新的开始，母亲曾有一段时间也只能茫然地面对时间的流逝。

拯救母亲的正是想象力。当时父亲马上就要退休了，这为母亲的想象增添了实现的可能性。母亲想象着和退休的父亲一起周游世界，但不想只追着导游的小旗子跑，也不想住在酒店，而是想住在当地人家里，和他们一起分享生活中的故事。而要想和使用其他语言的人进行沟通，就必须懂一些英语。

想象的力量足以超越惯性。自从母亲下定决心学英语后，七年多来，她一天都没有落下过学习。在我看来，她英语水平的提高非常慢，换作我，很快就会郁闷得早早放弃，而母亲却完全沉浸在了学习英语的世界当中。哪怕水平没有提高，她也能从学习本身获得巨大的能量，重拾生活的生机。

这样，母亲成功地逃离了原来循规蹈矩的生活。她没有强行使用意志力，而是发挥了想象力，畅想了一番自己的全新生活后就成功逃出了。母亲的梦想在父亲退休后变成了现实，在新冠病毒肆虐全球之前，母亲和父亲去旅游都是说走就走，还曾在北欧和东欧待过近两个月，大部分的住宿都是在当地人家里解决的，而回到韩国的时候，他们的房子也会免费提供给来韩的外国人居住。两人还加入了国际民间交流组织，交到了来自世界各地的朋友。看着母亲的变化，我不由得想起帕斯卡（Pascal）关于"想象力"的表述。

想象力让一切变得可能，想象力创造了美、正义和幸福。

想象力的本质是逃避

要想真正理解想象力的本质，就不得不提哲学家加斯东·巴什拉（Gaston Bachelard），他颠覆了我们对想象力的一般认知。根据巴什拉的观点，我们根据想象力的拉丁语源（imaginari）将其错误理解为"塑造形象的能力"。然而，想象力并不是这样，而是"将我们从原先的形象解放出来，改变形象的能力"。想象力的核心不是"塑造形象",而是"改变形象"。

简单来说,想象力不是"创造新事物",而是"将原有的事物改变成其他事物"。因此,在抽象世界中的"改变形象",应用到我们现实生活的具体日常,那就是逃避。因为要摆脱原先的形象,变换为另一种形象,就必须有逃避这个行为。

我们经常会因为"逃避"两字的语感而产生莫名的负罪感,但在意识到想象力的本质就是逃避后,我们或许就能从这种负累中解脱出来。一想到"不逃避,就无法拥有全新的生活",那些妨碍我们判断和行动的障碍物全都烟消云散了,那些"要有韧性,坚持才会胜利"之类的信念也看上去站不住脚了。

我们来回顾一下之前我的母亲的事例。母亲把自己从之前的固有形象中解放出来,改变了在很多人心目中的形象——那个每天做家务的全职主妇,跟团去海外旅行的退休老人,已经不再学习的老年人等,转而朝着另一个方向前行。想象力改变了母亲的人生,得益于此,母亲也战胜了更年期抑郁症,重拾对生活的信心。

如果不通过想象和逃避改变原有的形象,生活就会是一潭死水。所以,英国诗人兼画家威廉·布莱克(William Blake)才会说:"想象力不是某一种状态,而是人类存在本身。"不能改变原有形象的人生,其存在本身都会受到威胁。也就是说,无法选择逃避的人生，本身就已经终结。

不敢越出原有形象半步的人大致分为两类。一种是自恋的人。他们满足于自己的一切，感受不到需要改变什么。这种人认为逃避是怯懦的行为，也会全力守护自己拥有的东西。通常来说，年龄越大，这种倾向越明显。另一种是感觉有必要改变，但无法付诸行动的胆小的人。这些人才是连逃避都做不到的懦弱之人，而他们问题的核心就在于想象力不足，或是将想象力用错了地方。

现在立刻将圈住自己的固有形象丢掉吧。不要从无法拥有的或做不到的事物上寻找自己不幸福的原因。从"我是主人公，世上所有人都在看着我"的幻想中脱身吧。昨天的我，今天的我，还有明天的我，都完全不同，不要忘了我们在任何一个时刻都可以成为不一样的自己。

越是画地为牢，越会错失各种挑战的良机。无法认识新的人，无法学习新的事物，无法去新的地方，最终会困在一潭发臭的死水中不由自主地腐败变质。

为了守护想象力而选择自我流放

一位青年艺术家，为了摆脱限制自身的一切而孤军奋斗：

他认为社会组织、伦理秩序会压抑自己的想象力，所以拒绝自己所属的一切，包括家庭、学校、宗教、国家等。这个理由对我们一般人来说很难接受，但作为旁观者，眼看着他挣脱一切的束缚和藩篱，又有一种微妙的解脱感。

这就是詹姆斯·乔伊斯的小说《一个青年艺术家的画像》（*A Portrait of the Artist as a Young Man*）中的主人公斯蒂芬·迪达勒斯的故事。他逃离了家庭、宗教和国家，但并不把自己的行为称作逃避，而是"自我流放"。他还明确表示，自我流放不是因为被人赶出来的无奈之举，而是自行选择离开的主动行为。

之前我们已经讨论过，想象力和意志力一样，都是逃避所需的有用工具，而斯蒂芬干脆将想象力当成了逃避的理由。作为艺术家，他为了表现更加自由和完整的自己，不允许自己的想象力受到任何外物的限制。

《一个青年艺术家的画像》具有乔伊斯自传的性质，包含了作者在成长过程中经历的各种认知上的彷徨以及苦恼的印记。说来也是，乔伊斯出生并成长的爱尔兰就是一个典型的天主教国家，宗教支配着国民所有的精神生活，而它同时长期受英国的统治，反抗英国的历史使得国民的民族主义情绪非常高涨。在这些条件下，艺术家必需的自由显然无法生长，因而他感受到自己的想象力被压制了。

乔伊斯在小说最后宣告主人公离开祖国，在现实中他也的确离开了爱尔兰，踏上了自我流放之路，辗转于欧洲各大城市，包括瑞士苏黎世、意大利的里雅斯特和罗马、法国巴黎等，过上了自由的生活。他通过自我流放守护了自己的想象力，并以此作为武器，创作了《都柏林人》（*Dubliners*）、《尤利西斯》（*Ulysses*）等杰作。

　　当然，我并没有建议所有人都须像乔伊斯那样踏上自我流放的道路，只是劝大家能够认识到他对待人生的态度。逃离熟悉、舒适的环境需要很大的勇气。像别人一样，身处大多数人组成的集体，的确在大多数方面都让人感到安全，我们的父母、老师、上司都希望我们这样生活。而且我们走上这么一条安全的道路，也可以获得足够的幸福。

　　问题是发生"真正问题"的时候。不管是源自家人还是朋友，无论是恋人还是工作，即便问题压制我们，肆意操控我们的自主判断，不会逃避的人也依旧会站在原地，因为他们的想象力早已被吞噬干净，连逃离到另一个空间都已无法设想。因此，我们需要把想象力攥在自己手中，绝不能松手，不然眼前的各种可能性都会被一一封锁。不会想象的人还能被指望行动吗？如何通过创造性的方式解决问题，为了更美好的未来做准备？如何才能活出自己想要的样子，尽享自由的人生？

　　生活在现行的社会体系中，如果不想丧失想象力，就必须时刻保持冷静的头脑。积极利用现有的体系支持我的所有行动，但不能被其束缚。无论什么情况下，都不能失去想象力，这样一有风吹草动，才能立刻出逃。生活中可以做出适当的妥协，但关键的时候绝不能退缩。只有这种态度，才能保护我们不被所有觊觎着的捕食者吃掉。

如果说意志力是引擎,

那么想象力就是方向盘。

最终,我们的人生会像想象的那样,变得更有趣。

第 4 章

彻底结束已经逝去的爱情的方法

感情从来就是很容易让人产生错觉的东西，它反反复复，不经意间就伤害了对方或被对方伤害。这既不是离开的人的错，也不是留下的人的错。

曾经很重要的人

　　我很了解，一看到这个标题，你的脑海里就会浮现出某个人的样子。那个人曾经很重要，但现在已经失去了联系；那个人晚饭吃什么你曾经都一清二楚，但现在却不知道那个人在哪里，在做什么。

　　在这里并不是为了号召大家做一次记忆旅行，逼大家去追忆自己的前任。相反，这是为了提醒我们，如果心里还有放不下的人，应该尽快做个了断。

　　没有什么事情比逃离已经结束的爱情更紧急的了，但是很多人并没有意识到爱情已经结束，还一直傻傻地待在原地，或明明知道已经结束，却依旧舍不得离开。在有人过来给你支招，或自己还不能接受当前情形的时候，只要拿时间作借口，就都可以搪塞过去，任何人都知道整理心情需要时间。

　　然而，要逃离爱情的阴影并非如说的那样简单。曾经装点了我人生的那个人，怎么可能说忘就忘呢？视觉、听觉、嗅觉、触觉、味觉共同参与，经历的所有过往在脑海里刻下了深深的痕迹，即便爱情已逝，只要一个小小的信号，曾经以为忘却了的感觉又会浮现在眼前。

逃离已经结束的爱情，和抹去对恋人的记忆，并不是一个概念。就像米歇尔·冈瑞（Michel Gondry）执导的电影《美丽心灵的永恒阳光》（*Eternal Sunshine of the Spotless Mind*）展现的那样，就算完全抹去了头脑中对恋人的记忆，人的身体还一直记着当时的感觉。完全忘记某个人是不可能的，因此我们要做的不是将曾经重要的人从记忆中抹去，而是将已逝的爱情对我们内心造成的影响最小化。

那么，如何才能送走那个曾经很重要的人呢？在前文中介绍的意志力和想象力，对爱情可能没什么作用。意志力和想象力在不想逃避，或没有勇气逃避的时候能够发挥巨大作用。但是大家都明白需要逃离已经逝去的爱情，通常也有逃离的勇气，此时却仍无法逃走，意志力和想象力产生的作用就十分有限了。生活阅历更加丰富的前辈只会说"时间会治愈一切""需要用另一段爱情来治疗情伤"等不痛不痒的话语，虽说有些道理，却也不是完整的答案。

精神分析学派或者说心理学，认为人需要经历充分的哀悼：不压制高涨的情绪，充分地悲伤、痛苦及愤怒。这样，痛苦会自然减少，伤口会愈合，人会慢慢接受发生的一切。我不太理解如何才能接受发生的一切，"接受一切"的原理究竟是什么，真的会"自然而然"地发生吗？

大致理解以上的建议想必会对人有所帮助，不过如果懂得了所谓"自然而然"的体系，那么逃离已逝的爱情就会变得更加容易。以下是我对弗洛伊德理论的解释。

弗洛伊德（Freud）认为，爱情是性能量"力比多"的粘连。假设 A 爱 B，就意味着 A 的力比多黏附在了 B 身上。相反，分手就是力比多的回收。问题是，正如所有人都能感受到的那样，力比多并不是我们想回收就能回收的。

力比多在受阻的状态下，就必须找到其他的出口，
释放根据快乐原则产生的能量。力比多必须摆脱自我。

弗洛伊德认为，力比多为了寻找出口，只能逃离自我。因此，A 从 B 回收力比多最好的方法就是 A 摆脱自我，将 B 具备的某些重要特质移植到自己的内心。只有我的内心深处，被自己所爱之人的一部分占据了，才能真正离开那个人。

同弗洛伊德的其他理论一样，这是一个充满想象且无法证明的理论，理解了这个哀悼的过程，也就能更容易逃离已经逝去的爱情。

换句话说，不是强行把恋人从记忆中抹去，或努力地完全摆脱其造成的各种影响，而是要努力将他／她的一部分变成自己的东西。只有在现实中做到这件事的时候，我们才能真正同旧爱道别。

你身上有某个人经过而留下的痕迹吗？

几年前，我将两个好友互相介绍认识。两个人各自都很清楚自己喜欢什么样的对象，所以我认为只要一经介绍，他们就会成。正如我预想或者盼望的那样，他俩成了世界上最甜蜜的一对恋人。他们交往了近三年，但因为对某些问题的争吵变得频繁，两个人都十分痛苦，于是最终决定和平分手。由于不是不爱了而分手，所以对于双方来说，接受分手的事实很痛苦。

表面上来看，女方受到的伤害更大。她认为分手的原因在自己，并因此有负罪感。难过的她非常怀念男朋友，于是开始更关注他喜欢的小说、电影、音乐等。交往几年来，她的审美打上了他的烙印。逐渐地，当她意识到原本处在自己世界之外的男朋友的世界，已经成为她自己世界的一部分时，她才最终完全离开男友，成功逃离了逝去的爱情。

不是简单地将男友从自己的记忆中抹去，而是将其钟爱的句子、台词和旋律镌刻进自己的心里，才能真正做到分离，这真是太神奇了。

自己原本没有，但遇见了过去的爱人后具备的东西，我将其称为"某个人经过后留下的痕迹"。对于前文所述的女性来说，她心中刻下的男朋友的审美取向，就是这种痕迹。越是身心健康的人，留下的痕迹越多。这种人在遇见某个人再分手后，自己也成长为另一个人。他们对伤痛的治愈能力很强，拒绝关在自我的牢笼中，而是逃离自我，向着其他世界无限地扩张。

某人走进过你的心里，他／她的影响力就会在你的人生中留下鲜明的印记；反之亦然，你走进过他人的内心，也会留下自己的痕迹。但这个游戏始终是不公平的。我心里很容易发现对方的痕迹，可是在他人心里留下的我的痕迹，我却无从知晓。这也就是我们在分手之后，哪怕确认自己已经完全从原先的感情走出来后，却依然想去了解对方的生活的原因。

"他／她留在我心里的痕迹依然明显，我在对方心里留下的痕迹还明显吗，还是已经不见了？"多数人有时会因为想确认这件事而着急上火。希望我遇到过的所有人都把我当作一次巨大的台风，拥有我留下的深深的痕迹，这是不是一种奢望？

始于想象界的流放

在《恋人絮语》（*Fragments d'un discours amoureux*）中，罗兰·巴特（Roland Barthes）把我在书中所说的"逃离已经结束的爱情"，称作"始于想象界的流放"。

法国精神分析学家雅克·拉康（Jacques Lacan）把我们经历的世界分为想象界、象征界和实在界。通过语言象征形成的现实世界，称为象征界，在语言形成之前，通过形象形成的虚构世界称为想象界。最后一个实在界是我们不可接近，无法通过语言象征表达的真正世界。

罗兰·巴特把爱情看作在想象界的经历。仔细回想一下我们的爱情经历的起承转合就知道了。我们就好像不会说话的孩子，在想象中不知道堆砌和推倒了多少意象：我们化作雨点，打湿了恋人；整夜梦见那个他，所以夜空出现一道裂缝；明明没有风，却抖了一下身子；男女靠在栗树上亲昵，让本需要好些日子才开的花在半天内全都盛开了。

如上所述，文学中众多的意象让我们的世界变得丰富多彩，它们把本已难以忽视的爱情变成更强烈的记忆，填满了我们的人生。正由于这个特性，罗兰·巴特把爱情的结束称为"举行意象的葬礼"。爱情结束了，星星、雨、风、花就都死了。被缤纷色彩装点的世界在刹那间变成了灰色，熟悉的气味随之消散。结束了爱情的人，被想象界驱逐，被彻底禁锢在了象征界。简单来说，象征界是一个遵守法律、商业规则和万有引力定律准确运转的现实世界，也是每个人都各司其职，通过体制而非情感运转的无趣世界。

我们通过本能和经验就能了解，脱离了想象界，被囚禁在象征界是一件多么郁闷和不幸的事。正因如此，尽管爱情已经结束，人们却无法接受从想象界被流放到象征界的事实，只是在原地纹丝不动。

如果你依然觉得逃离逝去的爱情很难，觉得这样的自己很懦弱，或者认为爱情和其他事物不同，必须一直小心守护而不能逃走的话，你最好想一想《了不起的盖茨比》（*The Great Gatsby*）中的爱情故事。盖茨比接受不了自己和黛西的爱情已经结束，还一直相信她会和自己私奔，所以他愿意为开车撞死了人的黛西顶包，一个人扛下了所有，最终却死于死者丈夫的枪下。

为了占有黛西，他不惜一切代价聚敛钱财，归来后明知黛西有丈夫，却不以为意地继续接近她。他在这么长的时间里，堆砌和推倒了多少意象呢？甚至连盖茨比也只是把自己赌上了一切的黛西，看作一个只知道钱的女人，而对她真正想要什么并不关心。在自我的世界里，盖茨比疯狂地爱着凭借自己的想象堆砌出来的黛西。

阅读小说的读者同样很难理解黛西的心理，因为我们只能通过主人公盖茨比和故事的叙述者尼克两人，去间接地了解她。尽管如此，我们也能做出如下推测：无论怎样，黛西肯定会有那么一瞬间觉得相比暴力且出轨的丈夫，眼里只有自己的盖茨比要好一些，于是她才会对盖茨比敞开心扉，甚至给予他希望。但当她意识到盖茨比的爱只不过是一种病态的偏执时，她选择的不是与盖茨比私奔，而是从他身边逃走。选择逃避的黛西，和没能逃避的盖茨比，让两人的命运从此天差地别。

逃离了我的人们

　　和妻子交往一年半后我们就结婚了，那之前，我从来没有谈过超过一百天的恋爱。虽说现在说起来很轻松，但当时那却是心中的一块大石头。之前的恋爱里，自己觉得不行就会很快逃避，而别人从我身边逃走的情况就更多了。

　　从 20 岁第一次谈恋爱时就是这样的。我一直觉得双方相处得很好，没有什么问题，但某一天对方突然跟我说了分手。她说我是个好人，但没有男朋友的感觉。虽说很难接受，不过也没有苦苦哀求她留下。当时不论是表面上，还是心里，都假装泰然自若，全情投入到自己的表演中，全然不知会留下什么伤害。

　　就像第一个扣子没有扣好，后面就都会乱套似的，从那以后，相同的事情一直在重复：紧张地向对方表白后，对方接受，不出三个月关系就会以相似的原因结束。

　　其中让我最难受的一件事，是在一次恋爱中，女朋友突然亲了一下我的脸，第二天竟然就提出了分手。但我听完她的理由之后就理解了她。她说，自己对我很难心动，所以尝试亲了我一下，但即便这样内心还是毫无波澜，所以确信自己并没有真正把我当作恋爱对象来喜欢。

当时我们通宵达旦地煲电话粥，给对方读诗，每天在图书馆学习文学，互通写满了甜言蜜语的情书。我不是她的男朋友，而是她的学长。我们有很多共同点，她也分明想和我待在一起，但这并不意味她喜欢我。

不论男女，我都可以相处得无拘无束，不过相比其他人，我更擅长与异性沟通，因而也有许多女性朋友，当时来我婚礼的亲朋好友中也是女性居多。我一度认为擅长交友是自己最大的优点，然而经历了多次失败的恋爱后，我突然发现这其实也是一个巨大的问题。与其做男女朋友，还是朋友关系更让别人自在，这虽然不是什么严重的问题，但我也确实感到了自卑。

直到25岁时，较强的自我意识都让我以为这些是只发生在了自己身上的可怕悲剧。与表白后被直接拒绝相比，交往一两个月后被甩造成的打击更大。

不过若是抬起头来看看周围，就会发现这不是我独有的问题。从马克·韦布（Mark Webb）执导的电影《和莎莫的500天》[*(500) Days of Summer*]，到马里奥·巴尔加斯·略萨（Mario Vargas Llosa）的小说《坏女孩的恶作剧》（ *Travesuras de la niña mala* ），不能成为男朋友的朋友的故事一直在上演。

面对感情中的诸多不顺，即使百思不得其解，我也并未被感情所左右。或许会短暂地感叹自己可悲或埋怨对方，但我很快就会重新打起精神，尽量理性地看待这个问题。而它的答案非常简单：她不喜欢我。这个答案不需要其他的说明，如果还需要修饰一下，对方会说，先前误以为自己喜欢但后来发现不是。

得到这个答案之后，所有的问题都变得可以理解。她既不是恶人，也不是渣女，或许也不是我的魅力不够。这些不是事实，而是解释，是无法证明的推测。对方不喜欢我，就是我唯一能推测出的事实了。

接受了这个事实，所谓的爱情就无关谁是谁非、责任在谁的问题了。而在重新认识自己的内心之后，我开始懂得感谢那些离开我的人，我也更能理解先前自己逃避不合适的感情的本能。感情从来就是很容易让人产生错觉的东西，它反反复复，不经意间就伤害了对方或被对方伤害。这既不是离开的人的错，也不是留下的人的错。

那些交往了很久又分手的情况，或许也是一样。因为不再爱了，人心随着时间的流逝变化了。明白爱情也是变化着的事物中的一种，逃离逝去的感情才是那个正确的选择。

自己不论是作为加害方而心痛，还是作为受害方而痛苦，若是因为爱情而备受折磨，希望大家只要记住这个事实：明明已经不爱了却不离开，这才是不应该对对方做的事。

只有彻底地分开，真正的爱情才会出现

正如很多人离我而去，我也逃开了很多人，就这样度过了自己的二十几岁。特别是遇到妻子之前，我逃得更干脆麻利了。对我而言，与爱情相关的事物是不能妥协的，若是感到不适，及时喊停止损才是要紧事，而我选择逃走时也没有任何的负罪感。

就在这个过程中，我遇到了现在的妻子。遇见她之后我才第一次知道，我这期间苦苦寻找的究竟是怎样的一个人——那就是让我做自己的人。我们在彼此面前不需要伪装成一个更了不起的人。我们越是恋爱失败，就越会埋怨某个人。埋怨对方，内心的愤怒加倍；埋怨自己，只会更加郁闷。严重的话，就会变得憎恶那类人群，或者反过来憎恶自己。感觉自己就是悲剧的主人公，最终在厌倦之后关上了心门，这不是逃避，而是放弃。在放弃的时候，人们不需要用力。

生活没有正确答案，按照个人的经历与判断，以自己想要的方式过着每一天就最好不过了。但无论选择什么样的生活，都必须来源于自身的判断，而不是被环境推着走，过随波逐流的生活。爱情并不是不重要的，但在它让你长期疲累、痛苦时，不要选择适应，而要选择逃避。如果有人选择从我身边逃开，那就安静地目送他／她离去。

正如喜欢的理由可以说出无数种，离开的理由同样可以

有无数种，何况在现实中，感情十分复杂，不是道理能讲得通的。在恋爱受挫时，不如就像古希腊人那样，简单地当作丘比特的箭射歪了。不断在错误中摸索自己的目标，说不定就会在某一时刻遇见自己的真爱，正如我就是这样遇见了我的妻子。

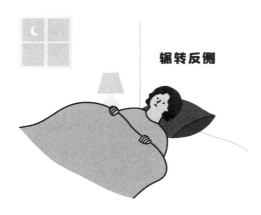

辗转反侧

眩晕

第 5 章

那就这样吧——
这句话的陷阱

为了活出真正的自我，实现内心真正的欲望，在我们的一生中，至少要有一次鼓起勇气改变原本的自己——那个曾经以为永远不会变的自己。

必须改变自己的原因

　　人一般不会变，每个人那些不怎么变的部分，我们常称为性格。有了人物，就有了叙事。人物分明的个性，哪怕是致命的缺点，也会给故事添光加彩。但我们的人生不需要太过戏剧，特别是知道了那些阻碍自己成长的缺点后，更是需要努力克服。励志书籍的关键词，大多会有"变化"的原因就在于此。如果你想要实现愿望，拥有某个东西，变成更好的自己，但现在的自己并不能做到，你就必须做出改变。励志书籍赋予有这样需求的读者一个动机，并为其成功改变提供方法。当自己的人生本身成为证据，人生的故事也就有了真实性，因此也就具备了说服力。

　　不过，通过变化来取得成功的时代或许已经到了一个新的节点。"必须改变自己"这一观点对现在的年轻一代来说，已经不能引起共鸣，因为他们懂得，就算自己改变了，世界上诸多的矛盾也不会随之迎刃而解。在出版市场，光看近几年的畅销书书名就能感受到这种变化。现在的人们毫不犹豫地选择了任性，不再害怕遭人厌恶，努力不再在意别人的视线等，而更愿意把中心放在自己身上。

这些书同样也提及了变化，只不过和追求个人成功的原来的书籍方向不一样，它会劝导你从"世界想要的你"转变为"真正的你"。虽说变化的方向会随着趋势的改变而改变，但我们这个时代从来没有否认变化的必要性。当这个世界要把你赶到某一边时，我们必须移动到另外一边，以达到平衡。

最近年轻人热衷于了解命理，不管是八字还是星座，这种算命最大的目的是分析自己的人物性格。只有知道了我是一个什么样的人，才能理解我过去的行为，并预测今后该如何生活。九型人格（enneagram）、MBTI等分析个人性格的各种测试的目的，就在于通过了解自身性格来判断我们应该如何改变。

在前几年的一次聊天中，朋友称我的命理中作为上司和作为下属的工作方式有差异，所以容易对下属所做的所有事情都不满意，而下属也因此感到很为难。

这恰好是我绞尽脑汁的问题，无论是否有依据，他的提醒也算是一语惊醒梦中人。我在清晰地观察了自己在工作方式上的性格后，大大地帮助了自己，此后更加明确要注意什么，在工作上也比之前更会站在下属的立场看问题。

人物性格稍加改变，戏剧性就降低了。我们真正过着的人生并不是小说或电影，戏剧性自然是越弱越好。我们的人生实际上也无人长久地驻足观赏，所以没有必要总是很精彩。

从行驶途中的列车跳下

前文的例子有一个局限：作为上司，对待下属做出改变会比较容易，只要甲方或者加害者反省或检查自己的行为和态度，很多问题就会解决。但如果我是乙方，或者受害者呢？就算我改变了自己，问题迎刃而解的可能性也不大。此时，要么顽强斗争取得胜利，要么放弃后继续痛苦，要么头也不回地逃走，三者选其一。

还记得奉俊昊（봉준호）执导的电影《雪国列车》（《설국열차》）吗？在一辆一旦停下来所有人都会死的列车内，头部车厢的统治者要求所有人各司其位，而尾部车厢的主人公们不听，不停地向前斗争、推进。当他们最终占领头部车厢牵引机车的时候，他们改变了想法，选择了跳车。因为他们发现了北极熊，这意味着外部世界的气温开始回升，变得适宜生存。

我们不能像雪国列车上的乘客那样选择逃离。职场电视剧《未生》（《미생》）有句著名台词，"里面是战场，而外面却是地狱"，这个现象几乎伴随着所有职场人的生活。每个月到账的工资，一见底就会被填满的名片盒，都和不能停下来的列车异曲同工。

在这辆不能停的列车内部，性别、容貌、地域、学历、年龄等都可能被当成歧视的焦点，但人们大多选择默默忍受。尽管我们可以看到，过去数十年来无数劳动者的努力才换来劳动环境的改善，但工作的压力尚且能够忍受，无法忍受的是被说成耐性不够，被当成无法参与社会生活的敏感人群。

我曾经问过一个充满干劲并做出了成绩的后辈，自己如此上进的原动力是什么。和我期待的答案不同，她悲伤地回答说是"愤怒"。从上学以来，因为自己是女性而遇到了各种不公正待遇，从中感受到了异常的愤怒，这种愤怒鞭挞着她走到了今天。而实际上，她平时并没有表现出来怒火，对所有人都很好，特别照顾新来的同事，对上司也十分支持，看起来就是完全适应社会生活的人。

这个后辈进行着自己的战斗，一步步朝着头部车厢移动。最后她会取得战斗的胜利，占领头部车厢，还是会在某一瞬间跳车，目前来看还不得而知，但不管她做什么选择，我都会真心地为她祝福。

我们所有人都在进行着自己的战斗。如果路上堵车，就会回头看看，或者休息一会儿整顿整顿，但始终没有改变过自己的战线。一直信赖的前辈所走的道路深深地影响了我，而我也从他们身上获得了勇气和懂得逃避的念头。

凡是在自己领域获得斗争胜利的人，终归会面临选择：到底是占领头部车厢，还是跳车。到底应该以什么样的标准来判断，才能在日后回顾时少后悔一些呢？对于面临中年危机的职场人士来说，还有什么比选择何时出逃、逃到何处更重要的决定吗？

勒内·基拉尔的三角欲望理论

要想做出不后悔的选择，首先要准确了解自己的欲望。不懂得真正想要的东西是什么的人，要么无法做出选择，要么会做出消耗自己的错误决定。

你可能会奇怪，还会有不知道自己想要什么的人吗？实际上，我们通常都不知道自己想要什么。就算知道，也仅仅局限于自己的经验与认知范围内。这和一个没吃过鹅肝的人不可能把鹅肝当作最喜欢的食物是一样的道理。

因此，在我们有限的经验范围内，常常只是想得到他人欲望里的某个东西。法国文学批评家勒内·基拉尔（René Girard）就曾说过，我们认为的自身欲望大部分不过是"浪漫的谎言"：我们仅仅想得到别人想要的东西。在《浪漫的谎言与小说的真实》（*Mensonge Romantique et Vérité Romanesque*）一书中，他为了方便解释，提出了三角欲望理论（desire triangle），并将众多经典小说中的人物用作示例。比如说，堂吉诃德就是通过阿玛迪斯的故事才确立了成为一名骑士的理想。

那些伟大的文学作品中的主人公自不必说，只要想想现在自身欲望的起源，就能很容易知道它们中的不少都是在模仿某些人的行为或成就。不论是晋升、创业、投资，还是恋爱、结婚，只要是自己想要的东西，很难找到不受他人影响的自发性欲望。

自身的真正欲望从一开始就不存在吗？如果有的话，该如何寻找到呢？勒内·基拉尔认为自身的欲望是存在的，并将热情作为区分的尺度。真正的欲望比其他的欲望更加强烈，所以表露时会比起其他时候都要狂热。相反，越是模仿他人的虚假欲望，我们越能从中发现虚荣心，而不是热情。通过区分自身的热情和虚荣心，我们大致就可以筛选出什么才是真正的欲望。

曾有一段时间，我一直在练习写小说。尽管当时我认为那是自己的欲望，但现在想来分明就是虚荣心。不是为了揭示需要引起大众关注的现象而写小说，只是为了装作在这世上很能干才写作。因虚荣心而开启的事情，热情的有效期并不长。一方面，我很羡慕那些在长篇小说征文大赛获得高额奖金并华丽出道的年轻作家，另一方面，一想到能够以专职作家的身份存在的人屈指可数，我的热情就马上冷却了下来。好在，我尽早地发现了这只不过是个人的虚荣心而已。

这种事情经历得多了，区分热情和虚荣心会变得越来越简单。而且当虚荣心这种非自发的欲望被抹杀几次后，就会切实地感受到改变可能将自己置于虚无境地的性格，是多么重要。如果意识到自己渴求的东西不是热情，而更近似于虚荣心，就必须马不停蹄地逃到另一个世界。

萨默赛特·毛姆（Somerset Maugham）的小说《月亮与六便士》（*The Moon and Sixpence*）所指的就是这个。该小说以法国印象派画家保罗·高更（Paul Gauguin）的生平为素材，前半部分与悬疑小说类似，描述了一个原本平凡的伦敦证券经纪人思特里克兰德，突然有一天抛妻弃子后人间蒸发了。妻子认为他一定是有了别的女人，于是拜托熟人去寻找自己的丈夫。

如果你读小说的时候，全然不知文中的思特里克兰德就是保罗·高更，那么后面的故事绝对会让你惊讶不已。当妻子的熟人历经千辛万苦终于找到了他，质问他到底为何要抛弃家庭时，他回答道：

"我想画画。"

为了实现画画这个极度自我的欲望，连妻儿都丢下自顾自地逃走了。他的欲望中有一丝丝虚荣心吗？而他对于画画的热情，我们旁人可以评判吗？

对于思特里克兰德来说，职场和婚姻只不过是模仿别人的欲求而已。意识到这点之后，他立刻转变了自己的人生道路，投身于艺术的世界。他甚至希望逃离文明社会，于是逃到了还保持着原始之美的塔西提岛。

为了活出真正的自我，实现内心真正的欲望，在我们的一生中，至少要有一次鼓起勇气改变原本的自己——那个曾经以为永远不会变的自己。

那些成功人士

在出版界待了十多年，我也见识到很多自认为或他人眼里的成功人士。说实话，一开始我对他们是抗拒且有成见的。首先，他们看起来十分狠心且自私自利。他们不懂得满足的欲求容易让他人感到不适，另外，也总认为周围的能量的水平应提升到他们自己的程度，为人傲慢而无礼。

不过随着接触的时间变长，我逐渐意识到自己犯了一个多么大的错误。虽然不想承认，但我的确非常羡慕他们。他们具有的地位和名声，他们实现的梦想以及由此带来的财富，他们享有的自由和权力，都会让人不由得畏惧、退缩。

收回自己的成见后，我便看到了不一样的东西，那就是他们满腔的热情。准确来说，那是他们对变化和挑战的热情。他们绝不是靠着模仿他人的欲望而行动的人，他们是为了克服自身的不足，为了变成更好的人而努力。特别是那些克服了种种困难，过上理想人生的人，始终对自己所做的一切充满信心，并不断努力，直至梦想实现。

他们的动力不是虚荣心，而是热情。他们的热情中饱含着的真诚与迫切也传染给了我，让我对自己能做出改变充满自信。

这是我作为一名图书编辑的最大收获。近距离地观察各个领域的成功人士，并和他们深入地交流，仅这些就能让自己在潜移默化中受到影响。我甚至还接受了之前不同意的方面，逐步变成了更加宽容而丰富的自己。

塞缪尔·斯迈尔斯（Samuel Smiles）也和我有类似的经历。他出生在一个严苛的宗教家庭，还是家中十一个孩子里的老大。他一成年，就彻底离开了一直以来蹂躏和欺压自己的家庭及宗教，走向热情与合理支配的 19 世纪。

他一开始学医，后来又从事社会活动，还当过报社的记者。他不断地提升阅历，积累知识。直到有一天，读到同是来自苏格兰的哲学家托马斯·卡莱尔（Thomas Carlyle）的一句话"世界历史只不过是伟大人物的传记而已"，内心深受震撼。于是，斯迈尔斯开始收集那些克服自身局限，凭借自身努力成为伟大人物的故事，并在 1859 年首次出版了作品《自己拯救自己》（*Self Help*）。

天助自助者。

这句名言就是该书开篇的第一句。而励志书籍被称为"self-help book"也源自此书。该书介绍了诸多伟大人物的成功故事，具体来说，就是他们进行自我拯救，并成功改变人生的事例，帮助读者以此为契机寻求自我改变。

自己拯救自己意味着不依靠其他人。尽管《自己拯救自己》这本书已经问世一百六十多年，但只要稍不注意，人就会丧失自己人生的自主权，受制于他人的选择和判断。这并不仅限于小时候我们需要询问父母明天能否去朋友家里玩。我们选择什么大学、什么职业，甚至连结婚都要得到父母的许可。在职场的时候也是同理，没有领导的许可，连公司会餐的预订都无法随意决定。自己的一生总在依靠别人的判断，那么当我们身处重要的人生岔路口时，也会畏首畏尾，只想着赶紧逃开。这样一来，我们就会一边把自己的命运交给别人、时间，或者其他事物，另一边又在感叹自己人生不如意。

这里有一点需要明确，那就是励志书中所谓的改变，不是让你变成其他人，去完全模仿励志书中树立的典型，以及他们想要的东西或达成的成就，而是学习他们的热情，并找到能倾注自己热情的领域，变成更真实的自己，并克服自身的缺点。现在随处可见的"自我革命"也是源于此。

人生就是在倦怠与痛苦之间不停地摇摆

不少读者可能很难接受改变或自我革命等带有成功学烙印的理论，为此，我想引入一个叫作"倦怠"的概念。我们首先来欣赏一篇作家马光洙（마광수）的小说《倦怠》(《권태》)中的同名小诗。

不难受的时候，

就会倦怠；

不是战争或和平，

而是倦怠；

不是痛苦或幸福，

而是倦怠；

不是爱情或婚姻，

而是倦怠。

　　这首诗明显受到了被称为欲望哲学家的叔本华（Schopenhauer）的影响。他曾说过，"人生就像钟摆，在痛苦与倦怠之间摆动"，这就是所谓的"不难受的时候就会倦怠"。人生不易也大多源于此。没有痛苦，理应很幸福；但没有痛苦只会感到倦怠，在不经意间，我们就做出了伤害自己的愚蠢行为。

　　当我还在当记者的时候，曾经采访过马光洙先生，也讨论过关于倦怠的话题。他对我真情流露，说自己无法忍受倦怠而与妻子离婚，是他人生中最大的错误，他为自己被倦怠吞噬而后悔万分。这种后悔不是说说而已，他安静地坐在那里时的表情告诉我，倦怠是一种可怕的情感。当时的我才20出头，人生中充满了新鲜的人事物，全然不清楚倦怠的真正含义，但那时，我第一次对倦怠产生了深深的恐惧。

　　这之后直到他去世，我猜想他的余生也仍不停地在痛苦和倦怠中徘徊。有时候，这种倦怠也许比痛苦还要痛苦。一想到这里，就感觉伊壁鸠鲁哲学把没有痛苦的状态看作快乐，实在是太简单化了。伊壁鸠鲁哲学中，越是追求快乐，痛苦就越会被放大的观点尚能为人所接受，但只要摆脱痛苦，获得内心的安宁就会变得幸福这种观点，却让人难以苟同。闭关修行者或许可行，但处于社会中的普通人，要到什么时候才能达到这种境界呢。诚然，我们站在伊壁鸠鲁（Epicurus）的角度，可以辩解说倦怠是一种现代病，而在伊壁鸠鲁的时代可能根本没有这样的概念。

比起伊壁鸠鲁，现代人更钟情于尼采（Nietzsche）的原因就显而易见了。尼采提出了从叔本华所谓的痛苦与倦怠的监狱中解脱的唯一方法：永不停息地向前奔跑。不要追求安稳，要过危险的生活。对于尼采来说，没有风浪的航海不过是一种单调的旅行。他说，在风浪中才会有喜悦，风浪般的苦难越多，心越是澎湃。

在叔本华看来，伊壁鸠鲁相信摆脱痛苦就会快乐，是从痛苦摆向到倦怠；而尼采认为摆脱倦怠就会有喜悦，则是从倦怠摆向到痛苦。无论能否成功，我们应该先从痛苦和倦怠中逃出来。

不少人排斥励志书中关于成功的高谈阔论——要想获得世俗的成功，就必须改变自己，进行自我革命，但对他们来说，对于倦怠的恐惧是真实存在的。然而一旦被囚禁在叔本华所谓"摆脱了倦怠就会痛苦"的沉郁牢笼中，就会觉得无论是改变还是自我革命，都只不过是无意义的挣扎。与自信的时候不同，人们在虚无和无力的状态下极度脆弱。我们要摆脱倦怠，就必须不断地追求改变，尝试新的挑战。

对于还没尝试就想放弃的人，我想通过介绍 20 世纪的文学来探寻倦怠的本质。被称为"意大利文学巨匠"的阿尔贝托·莫拉维亚（Alberto Moravia）著有小说《倦怠》（*La Noia*），作品对倦怠的真实面目作了细致入微的描写。

主人公迪诺在序言中用了一连串华丽的辞藻形容倦怠：从上帝创世，到亚当、夏娃偷食禁果；从上帝降洪水毁灭人类，到基督教诞生；发现美洲大陆，法国革命、俄国革命等所有，都始于倦怠。当中没有夹杂善恶的价值判断，而是说人类不过是被倦怠驱赶的弱小野兽而已。

迪诺列举了人类产生倦怠的核心原因，是沟通的缺失和关系的断绝。当你感受到和任何地方都没有联系，和任何人都无法沟通的时候，人的倦怠就会爆发。

此时，我们应对倦怠的态度就十分重要。小说中提到，我们不可能战胜倦怠或是完全摆脱倦怠。我们能做的只有不停地和倦怠作斗争。一旦和倦怠展开了斗争，虽说无法取得胜利，但至少也没有失败。而和倦怠斗争的最佳方式，就是和整个世界相联系，不停地沟通、交流。走出自己的小屋，走向世界这个大广场。这也和第一章中强调"要逃离的不是世界，而是自己"的观点相呼应。

就算不想成为励志的大人物，但如果不想被倦怠吞噬，就需要不停地"翻腾"。

　　所谓人生，就像是睡在一张不舒服的床上，无法用一种姿势久躺，必须不间断地翻身来改变位置。

有时候的无力感会伪装成忍耐。

第 6 章

没有正确答案，
只有不停地修正和完善

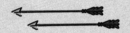

　　我们能做的就是接受这一切，然后继续前行。如果发现错误，就及时地修正。要认识到自己也是美丽的光和物质的一部分，并不断向前走去。

你只打会赢的仗吗?

我曾自认为很聪明,懂得哪些战斗会赢,哪些会输。会输的战斗一开始就不会卷入其中,所以大部分的战斗我自然不会输。当然不只我一个人聪明,从 2003 年到 2010 年上大学的我们,所谓的"88 万世代"[1]的我们,大部分都会回避会输的战斗。

社会的中坚阶层看不惯我们,特别是进步人士对我们的"小聪明"发起了猛烈的攻击。他们称我们为"一群没有问题意识的无脑大学生",嘲笑我们"安静地学习、毕业,然后拿起铲子,去过安稳的日子"。连把我们称为"88 万世代"的经济学者禹晳熏(우석훈)先生也让我们赶紧扔掉托福书去关心世界。有的学者甚至把我们称作失去野性的无能人,不会爱他人。理由就是我们这代人一门心思找工作,别说去对抗这个世界,就连时事都懒得去关注。

奇怪的是,我对这些前辈们的猛烈攻击无动于衷,但看到

1　月薪仅有 88 万韩币(约 5500 元人民币)的人群,大部分为 20 ～ 30 岁的韩国年轻人。

战争电影中主人公冲锋陷阵时，我却红了眼眶。"你只打会赢的仗吗"——这句反问振聋发聩，会成为观众回顾过往人生的一个重要契机。而这句话也被评为那部电影的最佳台词，可见很多人都和我有同样的感受。

2003 年，我考入了梦寐以求的大学，先根据高考成绩填报志愿后进入大类专业，一年后根据成绩确定专业方向。到毕业的时候，虽说就业已经十分艰难了，但我既不想进入公务员系统，也不想进入大型企业，于是找了一份与自己能力相匹配的工作。因为一切都是根据自己的水平做事，也逃避开了赢不了的竞争，所以也未曾被拒绝过。

我没跌入过谷底，所以也不会自责或自卑，但这一度也构成了我的自卑源头。人们虽然都说害怕失败，但同时也明白自己能通过重大的失败获得新生的力量。我从事出版业以来碰到的社会成功人士中，很多都是在克服了极大的困难后才走出了一条属于自己的道路。不知道是幸运还是不幸，这种经历对我来说真是太少了。没有经历过重大失败，所以更加害怕失败，最终成为一个一无所有，但仍攥紧已有一切的保守主义者。

然而，正所谓人生不如意事十之八九，我在工作当中也曾无数次怀疑自己的能力。每当这种时候，我都是凭借逃避赢不了的竞争，才摆脱了自我怀疑。在不知不觉间，我也成了前辈，也明白固守既定的规则其实让人很惬意。和别人一样，按照社会要求的那样生活，只进行自己会赢的局部战斗，一点点地拓宽自己的领域，似乎也挺好的。

　　然而比起 20 岁的自己，现在的我更愿意投身于会输的战斗。一直以来都是修改编辑别人写的文字，现在却尝试写自己的文字，不正是因为这种欲望吗？当年纪渐长，或许对于你来说也会是这样。不管那场可能会输的战斗是什么，都不用害怕，因为害怕失败本身，才是最大的失败。

连赢的战斗都不参与的人

　　自我贬低说只进行会赢的战斗，可能是一种伪善。但实际上，还有很多人连会赢的战斗都不参与。

　　多伦多大学心理学教授乔丹·彼德森（Jordan Peterson）的著作《人生十二法则》（*12 Rules for Life*）中，讲述了一个龙虾之间的斗争故事。为了保卫自己的领地，维护自身的安全和正常繁衍，龙虾们会进行殊死搏斗。但获胜方和落败方随后会产生天壤之别的反应，获胜方会获得极大的勇气继续战斗，而落败方就算碰到比自己弱小的对手，也不愿进行战斗。

　　　　一旦等级战争决出胜负，获胜方昂首挺胸，而落败
　　方则在喷吐沙子后消失。其实开始的时候有些弱小的龙

虾是干脆不参与等级战斗的，它们会选择接受较低的地位，以保全完整的四肢。

我只打会赢的仗——看似卑鄙胆小，但实际上是一种非常聪明的生存战略。从结果上来看，因为我只进行会赢的战斗，从而拥有了胜利者的大脑，获得了与世界展开搏斗的更多的勇气和力量，一点点地向外拓宽开去。

而那些连会赢的战斗都不想参与的人，过后才发现明明可以赢，可是为时已晚。问题在于这之后——逃避了一次之后，就会一直选择逃避。总是选择回避斗争，当真正必须战斗的时候，很有可能也不会挺身而出。在我们的生活中，这种时候远比想象的多。当高管下达不合理指令的时候，当顾客颐指气使的时候，当同事发生骚扰的时候……生活中各种大小事都需要我们去斗争。如果连会赢的斗争都不去进行而选择回避，那么当你真正处于不利状况时，还能够去发声、去斗争吗？

在此不是刻意鼓动大家为了实现身心健康和社会正义，去进行可能会输的斗争。但至少会赢的斗争，请不要躲闪。只有当我们一点点地去应战，并由此拓宽自身领域的时候，我们才能离理想的生活更近。

躲避第二支箭

无论是愚痴的凡夫，还是智慧的圣人，身临某种境界[1]时，都会产生心受[2]。然而愚痴的凡夫会为这种心受所左右并执着于此，而智慧的圣人则不会为之驱使。所以说，愚痴的凡夫会被第二支箭射中[3]，而智慧的圣人却能躲闪而过。[4]

这是一段让人醍醐灌顶的佛理。这里的"境界"，简单来说就是某个事物与其他事物相连的界限，在现实中，亦可称为境遇。在佛教中，面对不顺利的状况称为逆境界，而面对顺遂如意的状况称为顺境界。不管是哪种境界，人一旦碰触就会被第一支箭射中。所谓的第一支箭，就是指面临某种状况时产生的即时情感或本能反应。比如说，看见美好的事物，就觉得很美好，看见好吃的东西就产生食欲，看见令人悲伤的事物就会觉得悲伤。作为人，第一支箭是我们想躲也躲不过的。

进一步说，第二支箭是指第一支箭射中的地方所产生的其他情绪或欲望。比如看见一辆好车就觉得很棒——到此为止就是第一支箭，但如果想要占为己有，或举债购入就属于中了第

1　即现实中的境遇。

2　内心的感受。

3　即心受造成的痛苦。

4　《杂阿含经》第 17 卷 470 经部分内容的转译。

二支箭。再比如，看见朋友的东西心生羡慕或嫉妒——就此停住也不错，但如果因此而自卑或对世界心怀不满，同样也是中了第二支箭。

我们人生中遇到的大部分问题都源自第二支箭，更准确地说，到第二支箭为止还算是幸运的。如果深陷其中无法自拔，那就会接连被第三支、第四支、第五支箭射中。一开始中的那支箭的威力再大也不会造成致命伤害，只要能避开第二支箭，自己的生活就能重回轨道，一片坦途。

据我所知，最致命的箭就是愤懑。尼采所说的愤懑，是混合了弱者对强者的嫉妒、怨恨、憎恶、自卑、猜忌等的复杂情感。而我们生活在各种比较当中，自然无法避开这种愤懑。

我有一个要好的后辈 M，有一次她去朋友家乔迁宴回来后就充满了愤懑。她的朋友没有工作，但嫁了一个会赚钱的老公，住上了豪宅，生活非常滋润。这些所见所闻是她中的第一支箭。而她朋友看不起 M 为了干出一番事业而努力拼搏的样子，认为毫无意义，这更让她不悦。

倘若 M 中了第二支箭，那么为了排解内心的情绪，她应该做出如下反应：认可产生愤懑原因的价值基础，下决心自己也要和朋友过上差不多的人生；或是全盘推翻这种价值基础，无视依靠丈夫的这位朋友。

不过，幸好 M 两种道路都没有走。她显然已经意识到自己中了愤懑这第一支箭，并及时从中跳脱，由一名当事人摇身变成一名观察者，因而获得了新视角。

没有工作而选择结婚的朋友，也因为 M 兴奋地描述职场的点滴而中了愤懑这第一支箭。这种反应源自对 M 成功的职场生涯而产生的嫉妒。一旦意识到互相都怀有相似的情绪，第一支箭造成的伤害就慢慢地消失了。两个人又恢复到之前友好的关系。

不过在我们身边，相较于上述的团圆结局，类似事件的结局更多的是不相往来。不论出于何种原因，我们都无法避开愤懑这第一支箭，却有相当多的人并未就此止步，而是选择了断绝关系这第二支箭。若是无法轻易断绝的关系，双方又会彼此争执、辱骂、诅咒，这是中了第三支箭。而后时常埋怨自己，对对方感到愤怒，这又中了第四支箭。

这里只是用人际关系进行了举例说明，实际上，第一支箭和第二支箭存在于我们生活的方方面面，随时都会射过来。比如明明有配偶或恋人，却看上了其他人；陷入金钱的诱惑，不惜骗人也要去赚钱。不过即便身处于如此危险的境地，只要我们能够避开第二支箭，生活马上就能回归正常。

而躲避第二支箭也别无他法，就像 M 这个事例一样，首先是要准确地认识到自己中了第一支箭，如果否认这一事实，或没有意识到，就会有更多的箭射向自己。承认自己中箭之后，第二步就要摆脱当下情境，走到一个俯瞰全局的高度。如果能够摆脱当事者的身份，而化身为观察者，那么第二支箭就能轻易地躲过，因为没有一个观察者会希望自己成为一个欺骗他人、伤害他人的人。

战胜完美主义的最佳方式

近几年，世界各国都在心理领域出版了很多关于完美主义的书籍，这也间接证明了很多人因为完美主义而为难自己。特别是 MZ 世代[1] 经常表现出这种倾向，而我的周边确实就有很多这样的例子。在这些人看来，儿时是父母对自己抱有极大的期望，长大后就是学校，现在是公司，将来就会是全世界。而事实并非如此。如果非要从外部世界找原因，或许就是由于竞争日益激烈，机会越来越少，万般无奈之下只能压迫自己。

我一定要做到这种程度——这种自我意识过剩会出现在生活的各个领域。在工作、人际关系、家庭角色等各个方面，我们都为自己树立了高目标，但又经常为自己达不到而痛苦。完美主义源自"所有问题皆有答案"这一错误的信念。正如柏拉图（Plato）提出的"理念"，为了成为现实中并不存在的完美职场人、完美母亲、完美恋人，而苦苦追求一个不可能的目标。

心理学犀利地指出完美主义的问题所在，并主张为之所累的人们应尽快跳出这个囹圄。但话又说回来，如果这个问题仅凭只言片语就能解决，那从一开始就不会成为一个问题。完美主义者早就知晓完美主义本身正是自己幸福路上的拦路虎，但他们会因为心理学家给出的"放弃完美，适当就好"的建议而

1　M世代（千禧一代）和 Z 世代的合称，即 20 世纪 80 年代初到 21 世纪初出生的人。

放弃内心的坚持吗？我们的内心果真可以按照自己所想，像开关一样任意开合吗？

在我苦思不得其解之际，又读到了一本小说。它是安德鲁·波特（Andrew Porter）的短篇小说《光与物质的理论》（*The Theory of Light and Matter*）。这是一个爱书的朋友送给我的，一读我就知道这是自己此生读过的最美的小说。这部小说之美，在于它让人想起了那些此生很想拥有，却最终放弃的美好事物。

小说的主人公罗伯特是一位物理专业的教授，他为了让学生理解物理学的本质，将无人能解的方程式用作考题，就是为了告诉学生：你们所谓的灵光乍现，或获得了任何伟大的物理学家都没能拥有的思维能力，根本就不可能完美地理解光和物质的世界。就在聪明的学生们开始埋怨教授，一个个地弃考离开教室的时候，一位叫作海德的女学生却在考卷上写下了自己的答案。尽管这与正确答案相去甚远，但并不妨碍她成为唯一完成考试的学生，还获得了与教授一起喝茶的机会。这也成为双方日后爱恨纠缠的起点。

海德真心爱着自己的未婚夫科林，但也无法隐藏对罗伯特的感情。她经常背着恋人和罗伯特见面，通宵达旦地互诉衷肠。海德和罗伯特彼此渴望着对方，但终究没有把爱说出口。海德即便在和科林结婚之后仍保留着对罗伯特的钦慕，纵然后来一直没能见面，但直到她听到罗伯特去世的消息时，这份感情也丝毫未减。

海德感到深深的自责，但同时也明白这不是她能解决的问题。正如科林是自己生命中的重要部分一样，罗伯特也同样是自己生命中重要的一部分，而且无可取代。就这样，海德把这个秘密一直埋藏在心底，从来没有和科林提起过。因为她明白，为了减轻自己的负罪感而贸然向他坦露心迹，只会给他带来无尽的伤痛，那是非常自私的行为。

完美主义者可能会横加指责海德的不道德，但实际在这个问题上，又有多少人能够随心所欲呢？不管是爱情还是人生，都不会完美。无论多亲密的关系，都随时有可能破碎，谁都会碰到预想不到的意外，也会搅乱我们平静的日常生活。所以人们才可能会有对谁都不能说的秘密。然而，如果能够承认这种不完美，并依然为了某人奋不顾身，那我们的人生说不定就会变得绚烂多姿。这就像我们不能理解的各种物理定理，运用光和物质，像施展魔法般创造出了这个美丽的世界一样。

我们认为自己追求的东西塑造了我们的人生，但那些我们下定决心放弃的东西造就了我们更高层次的人生。心理学家、哲学家斯文·布林克曼（Svend Brinkmann）在其著作《错过的快乐》（*The Joy of Missing Out*）中提到，"把我们塑造成现在的这个自己的，正是那些我们选择下决心不做的、最终放弃的东西"。意识到这一点，就能切身感受到对完美的苛求是一件多么没有意义的事，同时，也能把自己从必须找到正确答案的恐惧中解放出来。无论用多么华丽的辞藻进行修饰，我们的人生都无法摆脱物理定律——不完美且很难理解的各种事情总是会随时发生。

因此，我们能做的就是接受这一切，然后继续前行。如果发现错误，就及时地修正。要认识到自己也是美丽的光和物质的一部分，并不断向前走去。

第 **7** 章

活出怎样的自我?

逃避就是对自我的审视和调整。如果对现在的自我非常满意，那么就没必要逃避，否则就要尽快出逃。

我们无法摘掉面具

从很久之前开始，我就觉得自己心里有很多个我，不知道哪个才是真正的自己；对别人呈现的模样也因人而异，所以有时候也会觉得自己拥有多重人格。

我高中三年都在大邱[1]度过，在朋友们讨论去首尔上学的这些人中谁会最先改变口音的时候，大家一致认为是我。事实上也的确如此。我在首尔的朋友面前说着不标准的温软的首尔话，与我说大邱方言时简直判若两人。我甚至还开玩笑地反问朋友，用大邱方言怎么可能表达出爱情的你侬我侬，只有在说首尔话的时候才能成为一个浪漫的人。

眼看着自己一次次因他人而戴上不同的面具，我就觉得自己是一个没有真正的自我、只在意别人眼光的人。记得荣格（Jung）曾说过，人类为了保护自己的真实面目而发明了面具，而这个面具被称为人格面具（persona）。总而言之，我的面具因势而变，因人而变，变到自己都分不清楚哪个才是我的真面目。

---

1 韩国东南部城市，距首尔约三小时车程。

针对这种自己的真面目与有意戴上的面具之间的背离，心理学给出如下建议：摘下自己的面具，不要刻意伪装，活出真实的自己，也就是让人们固守一个自我。而对于我来说，这是一个没有可能、没有帮助，也不想遵照的处方。

　　直到过了 30 岁，我才开始积极地去看待自己的多副"面孔"，因为我意识到，持有这种生活态度让我自己感到愉悦。"我"的样子因对方而异，意味着自己可以活得更加丰富有趣。不要被面具这个词的分量给唬住，"我"有很多面孔，并不意味着"我"变成了其他人。

　　以上的见解是有依据的，那就是日本作家平野启一郎在《何为自我：分人理论》（『私とは何か 「個人」から「分人」へ』）中提出的"分人理论"。下面作简要说明：

　　个人，英语是 individual，意为"不可再分的个体"。"我"可以成为多个团体的成员，但作为个人的"我"不可再分。而平野启一郎对这个理所当然的常识并不认同，提出个人还可以细分为"分人"（dividual），因为物理上的"我"尽管无法再分，但"我"的身份却可以任意再分。

　　这里重要的并不是个人的身份可以任意再分这一概念，而是在自己众多的分人（身份）当中，选择一个自己喜欢的，延长其存续时间——这才是我们应该做的事。

　　比如，在深爱的妻子面前，我，或者说我的分人，会展现出在公众面前从未展现的一面：像小狗一样讨好、撒娇、手舞足蹈地表达自己的情感。我太喜欢这样的我了，但只有在妻子身边时，我才是这样的我。在其他人面前，我又变成了一个无趣、枯燥、沉闷的人。因此，为了实现自我肯定，我要多与那些能让我变成自己喜欢的模样的人在一起。

像这样，如果把"我"当成分人而不是个人，我便不再自怨自艾，并能看开所有的伤害，也会懂得如何爱自己。对我来说，比起心理学上的那些摘下面具、活出真正自我的建议，平野启一郎的忠告更有意义。在他看来，这世上根本没有什么面具，有的只是另外的我、许多个分我而已。

逃避是对自我的审视和调整。如果很多时候对现在的自我都非常满意，就没有必要逃避，否则就应该尽快出逃。我们必须另辟蹊径，延长自己喜欢的分我存续的时间。要找到一个能让我变得更不错的人，一个赋予我更多意义的组织，一个让我更自由的地方，能让我勇敢地前进。

自我身份取决于社会关系

活成喜欢的自己，延长自己所中意身份的存续时间，尽管通过"分人理论"找到了生活的方向，但我们也明白这做起来并非易事。"身份"真的可以由自己决定吗？我们什么时候能强大到决定自己的身份呢？

人是懦弱的。我们只有在社会关系中才能确认个人的身份，不被他人关注的自己无异于不存在。明明现实中的自己生龙活虎，但若社会关系的联结消失不见，我们就感受不到自己的存在了。

人类之所以必然孤独，其原因大抵如此。"我"需要不断被关注，但在现实的多数时间中并非如此。米兰·昆德拉（Milan Kundera）的小说《身份》（*L'identité*）就正面反映了这种身份问题。

小说中的尚塔尔虽然有一个非常爱自己的男朋友，但依然感觉自己受到冷落，因为街上的男人都不看自己了。

她的男朋友让-马克则通过其他方式真切地感受到了这种身份的重量：他在海边散步时发现了尚塔尔，满心欢喜地朝她奔去，但跑近了一看，发现对方并不是自己的心上人。自己心心念念的女人与一个毫无瓜葛的陌生女人的差别竟是如此细微，以至于自己都无法一下认出。这对于相信爱情不可替代的他来说，无疑是难以接受的。但从另一个角度看，对于坠入爱河的人来说，因为自己的所爱就是一切的重心，所以无论遇到谁，都会从这个人身上看见自己心上人的影子。让-马克也是如此。

对于因陌生男性不再关注自己而无精打采的女朋友来说，她的男朋友可以做些什么呢？尽管让-马克认为尚塔尔非常薄情，但同时也想让她开心起来。于是他假装成一个陌生男人，给她写了一封信。正如他预想的那样，尚塔尔又恢复了青春和活力。被他人关注的愉悦改变了她。但是她没有告诉让-马克自己收到了陌生男人的信，而是把信藏在衣服里面。这使得让-马克感到沮丧，但他并没有停止写信，直到这个危险的玩笑露出马脚。

尚塔尔和让-马克的行为显然是病态的，但这并不意味着他们的心理和行为不能被理解。除了爱人，我们还想从其他人身上得到爱，同时我们也坚信自己可以为了爱人做任何事情。

重要的是，我们需要承认他人的目光具备的强大力量。更直白一些，我们的自我身份取决于他人的看法。我们永远活在他人的目光当中，即便单方面言之凿凿"我就是这样的人"，但并不代表别人也会这样认为。

这一论调并不代表了一个人的失败。只有明确认识到自己的身份由他人决定，才能知道接下来要做的事情，那就是——自己的情绪和自尊不能像尚塔尔一样，被无关的多数人的目光左右，而应当只关注那些爱我的、对我生活有意义的人的看法。对自我身份的关注，应当集中到在我珍视的人们眼中的自我形象。

游牧还是定居？

游牧主义（nomadism）一词曾在 21 世纪初流行过一段时间，我记得当时自己还在上大学。不知道吉尔·德勒兹（Gilles Deleuze）最早提出这一概念的时候，是否将其用作资本主义的最终解决方案。不管怎样，按照我的理解，德勒兹建构了一种"定居的生活"和"游牧的生活"相互对立的二元体系，并将资本主义的核心阐释为"定居的生活"。

随着人类结束游牧生活进入农耕社会，食物等财产出现富余。这种稳定的定居生活同样也是现代社会中我们孜孜以求的生活目标。稳定的工作、稳定的家庭，再也不用每两年搬一次家[1]。为了积累定居在某地的物质基础，我们将大部分时间都献给了学习或工作，而这也维系了资本主义的定居生活这一巨大体系的运转。

而游牧主义就是对这种定居生活的反抗。尽管不同的人对其具体所指会有不同的见解，但用一句话来概括，就是"逃避的生活"。即从某个大学的毕业生、某个企业的员工、某个小区的居民这些身份的枷锁中解放出来，不断追求全新自我身份的生活。

游牧民的生活方式会让那些已经融入现有秩序、过上定居生活的人倍感不适。要是自己珍视的子女等选择这样的生活，则让他们更加难以接受。<u>正因如此，逃避的生活比想象中要困难得多。有时候人们还可能会为了某些别人看来虚无缥缈的东西，而不得不背叛自己所爱的人。</u>

关于游牧生活和定居生活的二元对立，法国小说家乔治·佩雷克（Georges Perec）在其作品《物》（*Les Choses*）中通过两位

1　韩国家庭一般选择全租房，其合同期限一般为两年。

有志青年怀揣梦想而又受挫的故事，进行了生动的描述。读完之后，你就会发现在两种生活中选择一种，并没有想象中那么简单。

即将大学毕业走向社会的热罗姆和西尔维，沉浸在自己为未来编织的美梦之中——家里摆满了漂亮的地毯、家具和高科技家电产品，随时能与心仪的朋友们举行派对，进行富有修养的对话。小说的前半部分充斥着这样的梦想，大量使用了将来时态，希望自己能如愿以偿。但将来时并没有成为现在时，两人毕业后辗转于各种临时工作之中。

他们期望的稳定生活需要在激烈的竞争中获胜才能得到，而他们追求的是优雅、有教养的生活，并不是竞争和拼搏的生活。于是他们最终放弃了定居，选择了游牧——离开凉薄的巴黎，前往一个名为斯帕克斯的乡村。因失败而选择出逃，幸福生活会随之降临吗？对他们来说，乡村生活也只是沉闷与无聊的。无论是光怪陆离、无所不包的城市巴黎，还是一无所有的乡村斯帕克斯，他们在截然不同的两个空间，感受到的是同样的不幸福。后来，他们又像游牧民一样重新回到了巴黎。但是，在巴黎就能找到幸福吗？

小说的内容让我想起了自己的大学时代。就像热罗姆和西尔维一样，那时的我们也在畅想着美好的未来，但没有人把高薪白领当作自己未来的目标。我们都在学习法律，学习政治，学习传媒，学习文学；我们欣赏各种电影和音乐，也关心体育和娱乐。对于我们来说，财产、薪水、权力之类都不是首要考虑的问题。

稳定的定居生活，固守一种身份的生活，并不是我们想要的。

可实际上，我们追求的生活离不开金钱和稳定的工作，但那时的我们说话做事却像极了四海为家的游牧民。等到大学毕业，向社会迈出第一步后不多久，我们编织的梦想一一破碎了。我终于明白，我们迫切需要的是归属感，而不是其他任何东西。如果不融入等级森严的社会秩序当中，就意味着人生的失败。同时，自己也幡然醒悟——热罗姆和西尔维并不是从巴黎逃到乡村斯帕克斯的，而是被赶到了乡下。

如上所述，所谓选择游牧的生活只是说起来轻巧，做起来并非易事。别无选择而不得不逃走，并不是我们想要的"逃避"。既然如此，安稳的定居生活又会带来什么呢？大学毕业后饱受就业难之苦，好不容易找到了工作，生活里也只有责任和义务，与自己的理想相去甚远。尽管如此，心中还不停地渴求更多的财富和更安逸的生活，而这只会让内心的匮乏感越来越强烈。

《物》对这一方面进行了重点刻画，并向我们抛出这样一个严肃的问题：我们应以怎样的身份生活？审视热罗姆和西尔维的生活，我们或许并不能从中得到充分的慰藉，但是他们的孤军奋斗史却让我们可以客观地检视自己，并引发对"物"之外的人生真正的幸福的思考。唯恐避之不及的残酷现实，现在却让我们正面直视——这的确很残忍，但还是请不要扭过头去，因为我们注定要在与"物"的战争中适当抵抗，适当投降，才能生活下去。

也许时间才是人生的主宰

解构主义之父雅克·德里达（Jacques Derrida）抨击西方哲学用二元对立结构生搬硬套地去解释这个世界，并批判其在二元结构中吹捧一方的同时又贬低另一方，比如：

理性 VS 感性

真理 VS 谎言

现实 VS 假想

有序 VS 无序

善 VS 恶

美 VS 丑

……

问题是，这种抽象的、形而上学的二元对立结构，也会对我们的实际生活产生严重的负面影响。比如：

白种人 VS 有色人种

西方 VS 东方

男性 VS 女性

……

德里达无情地推翻了这种二元对立结构：他否定真理的起源及其根源，从逻辑上证明了那些被尊崇为形而上学、被信奉为真理、被推崇为偶像的一切都没有任何理由。他在其中的艰辛并非寥寥数语就能囊括，因为这实际上是与整个西方哲学体系的正面交锋。

他自创了"异延"（différance）一词，即"差异"和"推延"。这是德里达解构主义中的核心概念，它颠覆了构成哲学主体的"语言"（即逻各斯，logos）。具体而言，就是随着时间的流逝，所有语词包含的意义都会发生改变。世间不存在拥有固定意义的"语言"。因此，"语言"构建的哲学大厦并非稳如泰山，不可动摇。

实际上，无论是柏拉图还是笛卡尔，抑或是尼采，从现在的眼光来看，都有过很多让人匪夷所思的言论。对此，一般的哲学书籍通常会极尽包装之能事，称其为"时代的局限"，但归根结底，这种现象还是时间的强大力量造成的。时间的流逝会造成意义上的差异，因此再优秀的哲学思想也会存在漏洞。

连"科学之母"——哲学，在时间的力量面前都要俯首称臣，何况是我们的人生呢？我们每个人都误以为自己是人生的主宰，但无论如何挣扎都逃不过时间的安排，因为时间才是真正的主宰。在时间的力量面前，人类的主观意志都不堪一击。正如无论对方告白的时候多么深情，都无法许诺永恒的爱情。我们只能在当下，在这一瞬间尽全力去爱。

承认时间力量的人是谦虚的，他们的谦虚甚于那些相信神和命运的人。懂得时间力量的人也明白，自己现在的想法和感情随时都有可能改变，同时也很清楚别人亦是如此。明白了这一事实，那么即便爱情发生变化，也会知晓这既不是自己的错，也不是对方的错。因此，懂得时间力量的人不会苦苦追问："你怎么能这样？"

与挫败感满满的"反正我们人类无能为力"，或对生活冷嘲热讽本身截然不同，这更接近于一种"时间的用意无法揣摩，只能默默地走好该走的路"的感悟。

当事情进展得不顺利，或想要的东西求而不得时，我会选择释然，这其实就是把时间当作主宰。只要心里想着"这并不是因为我没出息，而是对方接受我的时机未到"，就可以心安理得地接受结果，不受一点伤害，就可以做我现在能做的事情，并毫不动摇地走自己的路。

人们恳切地盼望时间站在自己这一边，得到自己的所想，而时间偶尔的确也会无心地将其馈赠于我们，但实际上，更多的时候是自己的所想发生了改变。因此，在时间面前，任何事情都不能保证。无论是我自己还是其他人，时间都完全有可能给我们的世界带来一场天翻地覆的改变。

不要增加反派的力量

　　反派是指妨碍主人公好事的人，比如冉·阿让身边有残酷的警察沙威[1]，哈姆雷特身边有杀害父亲的叔父克劳狄斯[2]。主人公越是经历苦难，实现愿望的过程越是艰难，故事就会越扣人心弦，因此反派的重要性并不亚于主人公。

　　当然，在现代小说中，不一定会出现这类存在感异常明显的反派人物。在英国，有位主讲小说创作技法的学者科林·布尔曼（Colin Bulman）曾对反派人物的意义进行了扩展。他认为反派不是与主人公敌对的特定人物，而可能是像《麦田里的守望者》中的那样，是整个世界的人，或像菲利普·罗斯的《复仇者》中的那样，是自己的良心。

　　有趣的是，主人公的渴望越迫切，反派的力量就越强。如果冉·阿让不逃走，沙威就没有理由追他；霍尔顿·考尔菲德[3]也认识到世界充满虚假、伪善和庸俗，并与这个令人厌恶的世界展开斗争但最终败北。一方施加的力量越大，那么作用于其反方向的力量也会相应增加。这就是力的相互作用定律，普遍适用于所有物理世界。所有的小说都讲述了失败的故事，但小说中的失败

1　雨果小说《悲惨世界》的角色。

2　莎士比亚戏剧《哈姆雷特》的角色。

3　《麦田里的守望者》的主人公。

是浪漫的，有时甚至是富有英雄主义色彩的。因此，读者会适时地将小说中的主人公当作自己并产生共情，但在更隐秘的内心深处——由于自己并不是小说中的人物，因此可以放心地享受失败。

生活在现实中的我们，却不能像小说中的主人公一样沉浸在失败的浪漫之中。这样说甚至也不太对，应该是，虽然失败的事情会有很多，可就算失败也要继续生活下去。为此，不要增加反派的力量。不增加的方法很简单，正如前面所说，急切的渴望就是症结所在，只要减少对某种东西的渴望，反派就会变得无力。不像寻常的励志书所说的那样去热切地盼望，而是要心境平和，坦然地走自己该走的路。如此一来，很多问题自然迎刃而解。

不管我们做什么，都会遇到阻挠，甚至想去做的想法越强烈，阻挠的力量就越强大。如果父母反对结婚，则两人的关系会更加亲密；如果为了赚快钱而盲目投资，结果肯定是输得倾家荡产；运动员们想要做得更好，就会更加用力，但越是用力，准确度就越容易降低或错过时机，严重时还会受伤。我们为得到想要的东西倾注了大量精力，但稍有不慎，投入的能量反而徒增反作用的力量，越发阻挠我们的工作。静下心来，好好想一想吧。这种"欲望越大，失望越大"的经历相信你也会有。

三年零六个月的团队主管生涯即将结束，我不觉间变得焦躁起来。明明只需要考虑自己的下一步就可以了，但我却担心起自己走后的团队成员来。焦虑的我变本加厉地逼迫组员，而自己的继任者更是苦不堪言——我对他的小失误也吹毛求疵、横加指责，活生生地将他逼到了绝境。尽管我觉得自己做这些并不是为了自己，而是为了他和整个团队，但其实这只是我的一厢情愿，结果对别人没有任何益处。这种自己错误投入的能量只会增加反作用的力量，导致那位继任者满脑子就想着立即离职，连抱怨的话都懒得和我说了。

值得庆幸的是，我后知后觉地认识到了自己的错误，向大家真诚道歉，坦白了当时的所思所想，并请求大家原谅。放下急切的欲望后，所有的事情都变得顺利了，反作用的力量消失，能量又恢复了平衡，被紧张氛围笼罩着的团队也恢复了往日的生机与活力。

人生不如意事十之八九。宇宙的"气息"是否存在，无从知晓，但无论如何，我散发的气息要与之相协调。这样一来，"我"这个人的自我才不会被比我更强大的反派力量吞噬。小说中那些热切渴望去冒险、去挑战，经过激烈地斗争后最终失败的人物，绝对是好样的，但是，我的人生不需要那么激动人心、精彩绝伦。做自己喜欢的事情，遇到自己喜欢的人，让时间站在自己这边就好。

如果有所求，请不要变得急切，不要增加反派的力量。顺其自然地做自己能做的事情吧，相信时间的力量，静待花开。也许我们的生活就是本没人读的无聊小说，但活出喜欢的自己，才意味着生活的真正开始。

活出喜欢的自己吧。

第 **8** 章

"走出自我，朝向他人"的冒险

　　只是做做样子并不能改变任何事情。要想改变，首先要对陌生的人与物有足够的了解。被自己的想法束缚，只看自己想看的东西，如何能超越自己呢？只有当你试图去了解自己不了解的人和物的时候，才会获得改变自己的一点点机会。

一个月休假中的领悟

2015 年秋天，我辞掉做了近 6 年的工作后前往济州岛。当时公司发展蒸蒸日上，我也已经站稳脚跟，而即使很喜欢公司，也明白很难再找到更好的下家，辞职时上司对我也有挽留，但我没有任何的犹豫，果断选择了离开。

算来算去，自己最多只能休息一个月。我有妻子和儿子，而家里只靠我一个人挣钱，如果两个月没有收入，就只能等着挨训了。因此，好不容易得来的一个月一定要过得有意义些。如果像往常一样待在家里，一个月肯定会转瞬即逝。反正都要去外地，就选了一个既方便又离家最远的地方——济州岛。于是，我们一家三口开始在济州岛进行为期一个月的生活挑战。

当时我在公司做得非常好，为什么还是选择离开呢？要知道，那家公司的工作强度不大，工作日早九晚六，几乎总能准时下班；同事之间相处融洽，氛围很好；薪资待遇和福利等方面也令人满意。

当时很多前辈和同事问我辞职的原因，我给出了他们各自想要的答案，不过全都半真半假。直到六年后的今天，我再次回首，似乎找到了真正的原因：让我受不了的不是别人，而是倦怠——感觉自己在公司学不到什么东西了。当自我停止成长，继续在喜欢的地方上班也不会再有发展。公司的确足够好，但我并不满足于当时的自己。这种倦怠持续了一段时间，我就想着重新找一个能够激发自我成长的地方。后来，对现状的焦虑和不安最终促使我辞职。

当然，相较于一个月后新的落脚点，在当时，我更期待这难得拥有的一个月的假期。无论出于什么原因，我都累了，迫切需要充电。我想在除家人外任何人都不认识我的济州岛，享受一段美好的时光，可以去闲情漫步，去随意阅读，也可以奋笔疾书。

而疲于育儿的妻子，也和我一样需要休息，所以我们度过了一阵子"分开又一起"的充实生活：三分之一是我的独处时间，妻子来照顾孩子；三分之一是妻子的独处时间，我来照顾孩子；剩下的三分之一的时间，我们一家三口一起度过。当然，所有的时间于我而言，都是不会重来的幸福。逃离公司后的一个月空窗期，让我难得当了一回好爸爸和好丈夫。除此之外，我也享受了独自一人的悠闲时光，可以做很多之前一直想做而没能做的事。

虽然只有短短的一个月，但我已经完全从倦怠和精疲力竭中恢复过来，而这不仅仅源自我不上班和不工作。<u>之所以能够克服倦怠，是因为有了全新的情境——我暂时成了另一个我。</u>自己和妻子、孩子的关系得到重新设定，日常的生活模式发生了变化，自己关注的事物也有了很大改变。新的环境造就了新的情境，新的情境造就了新的我。

现在回想起来，自己在上班之前从来没有倦怠过。中学时代，我每年都会在新的班级结识新的同学，建立新的关系；三年后毕业，又升入了其他学校，继续下一个循环；而在大学，关系的建立变得更加复杂和多样。中途休学、入伍、比较各个专业和社团并做出选择，对未来偶尔恐惧但心里更多的是期待，过得异常充实。

相比之下，职场生活则单调得多。经过三年左右的时间，工作会日渐得心应手，同事关系日益融洽，还会拥有自己的独门秘技。而过了五年左右，就会有种"在这里该学的都学完了"的错觉：发现原来看起来那么高高在上的领导也有他的局限，甚至还能看出来他心中难解的苦闷；有时头脑一发热，还想着自己当老大牵头一两个项目，而自己现在的业务范围就像是过家家一样。随着时间的流逝，这种生活会让人倦怠。

对我来说，在济州岛生活的一个月是消除这种倦怠的宝贵经历，同时也给我提供了思考逃避本质的机会。虽然选择逃避并不是因为累，但确实有比这更迫切的理由，而这个理由只有在行动后才逐渐清晰起来。那么，是否应该在倦怠时就逃避呢？这样岂不是一辈子都在逃吗？我们理所当然会产生这样的疑问，也不知道是否就是应该这样，但可以肯定的是，我们没有必要提前为之担心。

专注于他人的呼诉

正如第五章所说，人生不是痛苦就是倦怠。人会因为痛苦而逃避，也会因为倦怠而逃避。法国现象学家伊曼努尔·列维纳斯（Emmanuel Levinas）也指出，<u>我永远只能充当"我自己"，所以我们无法不对自己感到厌倦，这种"自我"和"自己"的过分纠葛便成为倦怠的源泉。</u>

那么，我们该如何摆脱自我呢？为此，列维纳斯一开始提出了三种可能的方式，同时也指出了各自的局限性。

第一种是参与。强烈的归属感能使我们忘记自己。当我们在为国家队加油时、当我们因为对公司和学校强烈的荣誉感而紧紧凝聚在一起时，作为个人的我就消失了。联想到世界杯等大型活动的场景，这并不难理解。然而，加入特定的团体，必然会排斥非本团体的外人，而且随时可能走向极端主义。

第二种是享受。简单地说，就是完全投入的状态。当我们吃着美味的食物，看着有趣的电影，或者与所爱之人共度幸福时光时，我们就会完全忘记自己。不过，这种体验都是一时的，只是能够暂时地摆脱自我，个人的意识很快就会清醒过来。

第三种是死亡，但我们不可能去经历死亡。

参与、享受、死亡，这些似乎都能让我们摆脱自我，但又都因各自的局限性而与我们寻找的答案相去甚远。那么，还有其他的方法吗？列维纳斯提出了两个替代方案："生育"和"他者的面孔"。

有人认为，唯有生育才是人类最接近神的行为。我们所生的孩子，是来源于我的"他人"，是与我相连的存在，他们在我死后仍会留在世上，看我看不到的未来。一言以蔽之，我的孩子就是脱离我自己之后的我。

"他者的面孔"是列维纳斯最看重的概念。他者是我们永远不了解的对手，但他们总是以某种面孔向我们呼诉一些事情。而能否获得摆脱自我的钥匙，就在于如何回应他者的这种呼诉。简言之，就是利他或道德。为了一个完全与我无关的他人，为了他们的面孔呼诉的东西而采取行动，这样，我们才会发现摆脱自我的可能。

忘掉专念于自己的呼诉，转而专念于他人；为了那些在没有我的遥远将来，依然存活的众多他者，做我现在能做的事情。只有这样的生活，才会斩断"自我"与"自己"的过分纠葛，让生命的每一天都不被倦怠侵扰。

专念于他人呼诉的生活——这种生活真的有可能吗？的确，面对素昧平生的陌生人的痛苦，我们偶尔也会感同身受，甚至流下怜悯的泪水。然而与之相较，我们把更多的时间用于关注自己的欲望和内心的呼唤。为了战胜倦怠，需要不间断地逐步摆脱自我，但是人们却越来越倾向于为己所困。

专念于他人呼诉的生活不会被轻易允许，就连下定决心要如此生活的人，最终也往往会经受各种失败和挫折。在学校、公司，我们就会面临大大小小的道德考验，我们的生活也因此变得易碎。也许我们都过着各自"佯装的人生"——佯装为某人服务，佯装对他人的痛苦感同身受，佯装想为社会做贡献。

但只是做做样子并不能改变任何事情。要想改变，首先要对陌生的人与物有足够的了解。被自己的想法束缚，只看自己想看的东西，如何能超越自己呢？只有当你试图去了解自己不了解的人和物的时候，才会获得改变自己的一点点机会。

因此，我是不会轻易接受励志书上诸如"如果这个建议是你未曾想到的，那么一定要接受"之类的忠告。未曾尝试，就不懂装懂的态度只会让人故步自封。

而了解他人或与他人共情显然更加困难。但是，不要只是因为难就甩手放弃，要更进一步，学会倾听，尝试更好地理解他人。哪怕是现在，依然有他人朝我们露出面孔并呐喊着什么呢。把他人的视线看成"地狱"，细究起来，不也正是因为没有正确看待和理解他人的面孔吗？

也许所有的提示都存在于他人的视线之中。唯有他人的面孔、他人的目光，才能把我们从"自我"这个地狱中解救出来。

经历过我所不曾经历的事情的人

英国历史哲学家西奥多·泽尔丁（Theodore Zeldin）在《如果生活背叛了我们，我们还拥有什么？》（*The Hidden Pleasures of Life*）中提出了一种重要的生活方式，他宣称：

> 当我不再苦苦寻找一个安乐的角落时，就不会拿这个问题苦苦折磨自己——究竟什么才是我热爱的或擅长的。我只想立志尝试一遍那些被赋予人类的经历，哪怕只有一小部分。如果我无法亲自体验，那么我就想去听别人说他所经历的，并由此自行代入想象。我不会因为无法体验所有可能性而止步不前，也不会由于某些事情过于遥远或令人不快而将其忽略，反而会从他人的经历当中去发现其中的趣味。

说得夸张一些，我认为生活中的金玉良言皆在于此。在当今这个时代，人们早就知晓村子外面有什么，大海的彼岸有什么，甚至天上有什么，于是没有人再把目光转向外面去冒险。唯独没有被充分知晓的只有我们自己，所以大家都在忙着寻找那个未知的自己。所有媒体都苦口婆心地呼吁大家，首先要了解自己，弄清楚自己的梦想是什么，喜欢什么，擅长什么，人生的价值又是什么。

但是，正如泽尔丁指出的，向自己提出这样的问题无异于折磨自己。我们不是生来在身体里就存在着关于自己的答案，它存在于外部世界。我们需要去经历，去倾听那些经历了我所不曾经历过的事情的人。发现他人才是我们这个时代最伟大的冒险。

一旦思维发生如上的转变，一切就会随之改变。对于踏上发现他人的冒险之旅的人来说，他人不再是手段——不再是为了爱情，不再是为了在愁闷的日子有人对饮，不再是为了生意往来，不再是为了对自己能产生某种有益效用而存在的人。他人只是作为一个经历过我没有经历过事物的人而存在。我们在遇到的每一个人身上，都会发现一个新的世界，而每当出现这样的时刻，我们就能一点点地摆脱自我。

诗人郑玄宗（정현종）也在《访客》（《방문객》）一诗中说道，有人到来，其实是一件充满惊喜的事。他会带着他的过去、现在，还有他的未来，一同而来，是一个人一生的到来。实际上遇到的人不同，我的世界及身份也会有所不同。我究竟是怎样的一个人，取决于自己从新认识的人身上发现了什么。这就是我和他人之间的互相影响。

约纳斯·约纳松（Jonas Jonasson）的小说《爬出窗外并消失的百岁老人》（*Hundraåringen som klev ut genom fönstret och försvann*）中的阿朗·卡尔松就是凭借这种精神，将自己的一生活成了一次伟大的冒险。对新世界和陌生人的好奇心，使他一刻都不会停留在同一个地方。他从小就对制造炸弹特别感兴趣，即使独自一人时，也会反复进行试验。最后为了维持生计，他进入了制造达纳炸药原料的公司，这也是他作为炸弹专家的职业起点。

阿朗·卡尔松一有机会就会毫不犹豫地接触另一个世界。起初，他跟随同事在左派人民军阵营担任炸弹专家，机缘巧合之下救了佛朗哥一命，从此站在了右派法西斯一边。接下来，他为美国发展核武器做出重要的贡献，而另一方面却又到苏联参加斯大林的聚会。后来，由于此前与佛朗哥关系亲密，他被发配到符拉迪沃斯托克（海参崴）强制劳役，冒着生命危险逃出后，在朝鲜战争时期留在了平壤，与金日成、金正日还有过照面。此外，他在中国、印度尼西亚、伊朗、法国等地的旅程也是一路畅通无阻。

卡尔松每每在世界现代史上的关键时刻登场，他的生活也因此饱经苦难，但他凭借乐观的态度和对新世界的好奇，一直活得很清醒。因此，即使在他 100 岁生日的那天，他还能翻越养老院的窗户逃走，结识众多陌生好友，再一次踏上新的冒险之旅。

卡尔松从未因远大的目标牺牲自己的生活，源自他将母亲的口头禅"世上万事都只是它本身，今后无论发生什么也都是如此"，当作人生的座右铭。把世间万事看成其本身的人，即使遇到困难也不会愤愤不平，而是坦然接受，面对新的经历和冒险，也会无所畏惧。这种人永远不会老去。不管他多大年纪，都会毫不犹豫地开始学习一门新外语。以这种态度生活了一辈子，他的百年人生就像一个不知道里面装有什么的幸运盒子一样，从来没有无趣过。

我原本也是这样的人，但随着年龄的增长，遇到的人越来越少。朋友少了，遇到的新面孔也少了，别说冒险，就连手头上仅有的东西都害怕失去，因而只能乖乖地照旧生活，最后逐渐失去生气。这样的生活只会让自己越来越孤立。

当然，所谓"走近他人的伟大冒险"并非仅仅是人际关系层面的，学习新知识同样也能够达成目标。换句话说，要把学习当作向未经历过的崭新世界迈进的一种冒险。如果因被自己困住而感到苦闷的话，就先翻过窗户吧。去书店或图书馆，随手拿起一本书看看。如果想了解昨天看的历史剧内容，就看历史类书籍；如果想了解爱人闹情绪的原因，就看心理类书籍；如果有一天想去西班牙旅行，那么不妨先从学习之前从未接触过的西班牙语开始吧。

或者我们干脆挑战一次从未想过的作曲或股票投资。在陌生领域里，没有人知道等待我们的会是什么。但可以肯定的是，我们的生活会变得多一些色彩，少一些乏味；多一些忘我，少一些倦怠。

我贡献，故我在

我的前老板经常拿现代管理学之父彼得·德鲁克（Peter Drucker）的名言教导员工，"只有为他人和世界做出贡献的人才能取得成功"。

彼得·德鲁克的老师，经济学家约瑟夫·熊彼特（Joseph Schumpeter）在临终前，曾对其表示因"自己对社会所做的贡献太少而感到后悔"。深受老师影响的彼得·德鲁克，将"如何做出贡献"作为人生最重要的课题。他认为，只有深入思考过这个问题的人，才能在自己的事业上取得成功。

假设有个人因为没有钱，童年一直在饥饿中度过，那么对他来说，没能吃饱饭已经内化为一种情结。这种情结并不能简单通过个人成功后能吃饱饭来消除，而只有在深入思考如何为世界做出贡献，让其他饥饿的人也吃饱饭之后，才能得以克服。思考这个问题并寻找答案的人，会为完成这项工作而埋头苦干，勇毅前行，而正是靠着这股劲头，他们才收获了今后的成功。

我们通常认为那些好胜心强的人、利己的人、专注于自己长处的人，都会更容易取得成功，但事实并非如此。只为自己着想的人和为家人着想的人，两者的思维层级不能相提并论，而为家人着想的人和为整个公司着想的人的思维层级更是大相径庭。所做贡献的受众越广，就越需要更大的成功，因此自身的想法和行动会聚焦在更高的台阶上。

这当中，最重要的是先要了解我自己的情结，然后努力解决那些被类似情结困扰的人们的问题。对于只为自己过上好日子而创业的企业家来说，一人份的碗就足够了；但对于想要为世界做出贡献的企业家来说，一百人份的碗也不够。碗不同，成就的大小自然也就不同。

有人说彼得·德鲁克的思想来自熊彼特，但我认为前者更可能是受到了心理学家阿尔弗雷德·阿德勒（Alfred Adler）的影响。畅销书《被讨厌的勇气》（『嫌われる勇気』）中阐述了阿德勒的核心思想"共同体感觉"，并建议人们把对自己的执着转变成对他人的关心。这里的共同体不是指家庭、学校、职场、国家等局限的团体层面的共同体，而是抽象意义上更大、更普遍层面的共同体。

每个人对共同体的感知，会因个人所处位置不同而千差万别，但无论如何，开始共同体感觉的第一步就是要摆脱对自己的执着。生活中把自己视为主角，或是成为一个极度以自我为中心的人，不仅很难得到自己想要的东西，甚至连个人存在的意义和价值也会消失殆尽。因此，我们在逃离自我之后，还要去接近他人。他人的存在和我的存在一样具有绝对的价值，而我们必须为维护这些有价值的事物做出自己的贡献。只有在这种时候，我们才会感到自己还活着，并获得真正的自尊。被自己的问题束缚，只执着于他人对自己评价的人，不可能有健康的自尊。

为他人的人生做贡献，这种精神会超越时间和空间，薪火相传，不断延续。正如仅在本文中，就完成了从"阿德勒→熊彼特→德鲁克→前老板→我"的传递。这种延续不是简单的文字游戏，也不是抽象语言的罗列。

再回到前老板，他的情结就是出版这个行业本身。韩国社会感到对上一代出版人有所亏欠，但这些出版人本身也为精英主义所困，是逐渐脱离了大众的。而他们也忽视了对新一代出版人才的培养，总是宣称出版不挣钱，不愿与员工分享自己获得的财富。

所以，前老板在创业时就下定决心，要打造一个能够克服出版业这种情结的公司。他梦想建立一个凸显出版业的商业特色、重视对人才培养的投资和员工共享利润的公司。当现有的出版商争先恐后地向国内外著名作者支付高额版税、建立自己的关系纽带时，我们老板却倾尽所有的经验和精力培养新一代出版人，并扶持他们成为业界商业领袖。在这份力量的加持下，公司取得了巨大的成功，实现了快速成长。浸润在现有出版业逻辑中的人指责前老板为过度的成功主义或商业主义，但如果没有为他人和世界做出贡献的意志，公司创造的所有成就都是难以实现的。实际上，他培养的众多出版界商业领袖，也为整个出版业做出了巨大贡献。

而我之所以下定决心创业并付诸实践，也得益于这位前老板。说来可能让人难以相信，在带队的过程中，我从来都不会只为自己着想，更多的是为了整个公司及全体员工的利益而去苦心创造遥遥领先的销售额，同时也希望相信我并追随我的团队成员尽可能得到更多的奖金。最重要的是，我想写一本对读者生活有实际帮助的书，而非得到出版界人士称赞和认可的"看起来有点东西"的书。就像我的前老板一样，我也怀着为他人和世界做出贡献的初心获得了成功，甚至还鼓起勇气创办了自己的出版社。

开创个体心理学的阿德勒，和强调成功的彼得·德鲁克，两者的观点其实大同小异。看似自私、贪得无厌的成功至上主义，其实与为他人做出贡献的共同体感觉并非彼此对立。当你把对自我的痴迷转移到对他人的关注上时，一切都会成为可能。所以，让我们逃离自我，奔向他人吧。不要想着世人如何看待自己，而是要思考自己能为世人做出什么样的贡献。在否认神灵存在的现代社会，还有什么比这个更能让我们的生活有意义呢？

所有的领悟最终只有面向他人时才有价值。

第 9 章

为了维护人生的尊严

　　我们人生中有很多比金钱更重要的东西，但是没有一件东西能像金钱一样影响着我们生活的方方面面。因此无论何时，都不要在金钱面前丧失理智。而这也同样决定了我们能否维护人生的尊严。

笨蛋，那可是钱！

韩国著名诗人、文学批评家、小说家金八峰［김팔봉，本名金基镇（김기진）］是20世纪20年代社会主义文学运动——"卡普文学"的代表文人之一。早年在日本留学时期，他就开始关注阶级问题和劳动者地位问题，最初进入文坛也是为了通过文学作品针砭时弊，结果其作品的艺术价值得到了广泛认可，就这样出道仅一年，便一跃成为文坛新星。

尽管在文坛上一路高歌猛进，但实际上他并没有赚多少钱。结婚后，他也依然过着居无定所的日子，四处辗转后最终放弃了定居的念头，把妻子送回了娘家。他本打算暂时分开一段时间，等赚了钱后再与妻子一起过安定的日子，却一直没能实现。于是他决定出去工作——去报社当记者，这样每个月都能领到工资。他充满矛盾的生活就此拉开了序幕：他一边在文学作品上辛辣地批判资本主义，一边又在现实生活中竭尽所能地赚钱。

他当过记者、开过沙丁鱼工厂、开过金矿、创办过杂志社和印刷厂、投资过股票，所涉领域之广超出想象。放在当下的社

143

会，他就是那种看见口罩流行，就去开办口罩工厂，看到比特币兴起，就去买比特币，如果发生东学蚂蚁运动（**동학개미운동**）[1]，就去投资股票的人。

韩国科学技术院教授田奉宽（**전봉관**）在其著作《喜乐京城》(《**럭키경성**》) 中这样分析金八峰的双面生活：

> "白面书生"金基镇之所以去开金矿，不是因为穷困，而是因为虚无。越是了解资本主义社会，越会发现文坛和报社赋予的权力和名誉微不足道。凭着三寸不烂之舌再怎么揶揄批评，这世道依旧各行其是，不为所动。越是批判资本主义社会，动摇的越不是这世道，而是自己的内心。

金八峰的大部分尝试都失败了。刚开始的时候他的确赚了点钱，但也仅此而已，最后厂子倒闭，全部家当也亏空殆尽。虽说日子也不算过得穷困潦倒，但他也没能成为自己心心念念的亿万富翁。一位热爱文学的社会主义者，在事业和投资全部失败后，最终成了亲日派和反共分子。

从大学时代开始，金八峰的一生对我来说就像是一种"神

---

1 在新冠肺炎疫情常态化的背景之下，韩国股市出现了"东学蚂蚁运动"一词，主要指面对外国投资者大量抛售韩国股票，韩国国内个人投资者大举买入的情形，如同 1894 年朝鲜王朝出现的爱国运动"东学农民运动"。

谕的预言"。我也热爱文学，也想写作，同时也对资本主义怀有一种说不上来的反感情绪，但稍不注意，就会听到这样的非议："就算现在故作清高，到时候你还是会像我一样张口闭口都是'钱'。"即便如此，我也一直坚守到了30岁。相较于金钱，我追求的是自己喜欢的东西。毕业后我在出版社工作，之后又不惜自降薪水，跳槽到更加钟爱的公司，从事书籍的策划与制作。

直到现在，我还会偶尔想起 2011 年参加一场文学奖颁奖典礼时的情景。当时的获奖者李荣光（이영광）诗人以一句"我不是来地球赚钱的"结束了获奖感言，说实话，当时听到这句话，感觉实在是太酷了，让人听得热血沸腾，全身颤抖。而自己激烈的反应也引来在身旁的大我九岁的上司异样的目光。当时的我 28 岁，还是个刚步入社会的新人，而在 10 年后的 2021年，我已经比当时那个上司还要年长了。

当然，就目前而言，神谕的预言其实很久之前就已经应验了。迈入 30 岁门槛的时候，在听着一首名为《三十之际》（《서른 즈음에》）的歌时恍然大悟——30 岁的时候感受到的惆怅，并不是因为自己年纪变大了，而是因为钱。也可以换些更好听的说辞，但本质上都是钱的问题。

钱好像变得比以前重要多了，我们越来越离不开它。就这样，三十多岁的时候，我努力想要成为资本主义的朋友，并多多地赚钱，而不是与其作斗争；同时，我也深切地体会到了为什么"文坛或报社赋予的权力和名誉"让金八峰觉得如此微不足道。我还明白了所谓维护人生的尊严，最终取决于自己如何处理与金钱的关系。

在金钱面前保持理智

逐一学习资本世界的规则并照此生活，这个过程比想象中有趣得多，而且自己也比想象的更加游刃有余。与之前不同，现在我跳槽的时候，首先考虑的就是薪水，因为自己的思维方式较年轻时发生了很大转变。薪水代表的不仅是金额多少的问题，还体现了自身价值和今后的发展平台：哪里给的钱越多，就说明哪里越需要我；越需要我的地方就会给我提供越多的机会；而职场上机会越多，就意味着工作越愉快，越能取得更大的成功。

选房的问题也是如此。与我所认为的相反，房子不仅是一个居住的地方，还是用来盛放现金的水池。现在的问题不是房价上涨，而是现金贬值。随着网络的发展和信息的透明化，房产两极分化越来越严重，有些房子升值很快，而有些却不升值甚至贬值。这已经演化成一场游戏，一场只有住进不是自己想住，而是别人想住的房子才能赚钱的游戏。无房者参与认购的游戏，多套房者则参与上杠杆、租赁、节税等游戏。我也非常认真地参与了符合自己实际的游戏，因为在我明白了金钱的力量，明白了金钱在生活中的重要性之后，已经无法做出其他的选择。

再来谈谈我的本行出版业吧。我所在的成人单行本出版业务主要分为价值出版和商业出版两大类。所谓价值出版，就是按照其字面意义理解：出版有价值的书。价值出版并不看重读者是否想读，即便很少有人读，只要对社会有意义的书就可以出版。这类书籍主要由教授或学者撰写，不太在意销量，单是在自己的课堂上出售给学生就能赚到钱。编辑们在销售方面上压力较小，竞争也比较弱，十分稳定，从业人员的薪水差距也不大。

而在商业出版中，销量是最重要的。编辑策划何种图书，制作怎样的书籍，都直接决定着整个公司的命运。出版大量畅销书的编辑自然会相应受到公司的优待。销售额是排在第一位的，只需要提高销售额即可，而根本不需要努力向谁示好，也不用担心被上司刁难，更不需要被迫加班。但如若没有做出什么业绩，就很难在公司舒心惬意地上班。商业出版的工作不稳定，竞争激烈，从业人员之间薪水差距大，奖金也是根据业绩发放，这自然就给员工们带来了心理上的压力和剥夺感。

所以，即便做相同的事情，也可能会运用完全不同的思维方式。我们应该根据自己的价值取向做出正确的选择，一旦意识到"所穿的衣服"并不适合自己，就要学会马上避开。就我而言，当身处选择的岔路口时，我总会选择商业出版，因为赚钱的机会更多。在机会公平方面，我也是同样的结论。我相信，接受大众的评价，比仰仗评论家和专家的好评来得更加公平。比起满足部分知识分子在知识上的虚荣心，解决普通大众为之苦恼的具体生活问题更有意义，而且我认为这也是自己擅长的事情。

我不愿自我贬低说自己的这种判断和选择是被金钱蒙蔽了双眼，但也不想拿着光鲜的理由去自圆其说。我只是认为，这是符合当时自己生活所需的合理判断。而且，正如上一章所说的那样，如果结果也如我所愿，那么不仅对我，对公司的所有员工都不无裨益。

如果业绩好，于我而言，在自己的活动范围内会更自由，自己的判断和发言会对他人更有说服力；于公司而言，整体氛围会变得更好，可以营造出一种让所有员工都不畏失败的环境，同时能够从长远打算，不只着眼追求短期的业绩；员工之间不需要欺瞒，工作中遵守更高的职业道德标准；公司也有更多的余力培养人才。但是如果业绩不好呢？一言以蔽之，所有的一切都会朝反方向发展。为了生存，上述的很多事情都可能被忽略。

由于出版业并不需要强大的技术或资本，因此和其他领域相比，更注重公平的规则。我从未想过不劳而获，也未曾想过一夜暴富。一直以来，我都是秉承"制作受大众喜爱的书，为公司的发展做贡献，一分耕耘一分收获"的简单逻辑来工作的。

正如前文提到的，想要赚钱并不只能依靠劳动。资本主义不是说生产有土地、劳动、资本三要素吗？为了熟悉并利用规则，不仅要充分利用劳动，还要灵活运用土地和资本的力量。渐渐地，我明白原来只要稍加学习，即便手头没有多少钱，也有很多可以尝试的东西。在资本的社会，每个人是劳动者的同时，也必须是一名投资者。

因此，我也以同样的心态对待投资，努力寻求最大限度的合理性，自行制定投资规则并自我遵守。首先，不心存侥幸，对不懂的东西不轻易出手。比如加密货币。我明白人不能赚到认知之外的钱，即使运气好赚了点钱，也相信"来得快，去得也快"，甚至还要往里折钱。

无论是进行哪种投资，关键是能否遵守自己制定的投资规则。人一旦稍有不慎，就会对金钱起贪婪之心，最终自乱分寸。这时，读一读库尔特·冯内古特（Kurt Vonnegut）的讽刺小说《上帝保佑你，罗斯瓦特先生》（*God Bless You, Mr. Rosewater*）会有所帮助。

小说的故事背景设定在 20 世纪 60 年代的美国，当时的罗斯瓦特家族声势浩大，在南北战争时期通过做军火生意赚得盆满钵满，而后进入政界。而埃利奥特·罗斯瓦特却是这个家族的"怪胎"，行为举止十分怪异。他给那些因城市开发和机器化大生产而失去工作的穷人提供咨询服务，主动成为他们的朋友，甚至慷慨地把自己的财产分给他们。可别人就是容不下这样的埃利奥特。道德败坏的律师姆沙利污蔑他为精神病人，并企图攫取他的财产。只要证明膝下无子的他是个精神病人，罗斯瓦特家族的财产就将由远房亲戚弗雷德继承。但是埃利奥特把家乡的每个孩子都变成自己的儿女，让他们拥有了继承权，彻底打破了那些人的如意算盘。该小说以诙谐的笔触颠覆了金钱就是一切的时代逻辑，内容风趣幽默而又感人至深。

> 正如蜜蜂的故事里少不了蜂蜜一样，人的故事里总是少不了金钱。

这是该小说开篇的第一句话。我们人生中有很多比金钱更重要的东西，但是没有一件东西能像金钱一样影响着我们生活的方方面面。因此无论何时，都不要在金钱面前丧失理智。而这也同样决定了我们能否维护人生的尊严。

工作和金钱使我们独立

瑞士作家、哲学家帕斯卡·梅西耶（Pascal Mercier）曾在《生活的品格》（*Eine Art zu leben*）一书中解释了工作和金钱对人的尊严有何影响。概括起来就是，只有工作和金钱，才能实现个人的独立，只有独立，个人才能维持生活的尊严。

不工作不仅意味着不能赚钱，还意味着不能为任何人做贡献。之前我们也曾讨论过，一个人如果不能做出贡献，就很难有自己的存在感，只会感到自己是个无用之人，对任何人都没有帮助，这种负面情绪会吞噬个人的尊严。

没钱也是同样的道理。如果没有钱，不仅不能给他人做贡献，还会沦落到需要他人帮助的境地。而在得到帮助的那一刻，尽管没有任何人强求，我们就会自行成为乙方，对他人的依赖性变强，而自己在经济上乃至心理上均难以独立。对我来说，接受读者冷冰冰的评价，努力提高销售额，用自己的双手赚取自己和同事的工资，这种商业主义比苦求政府的补助和评论家的认可，更让人感到有尊严。

曾经我也梦想着读研究生。我很喜欢文学，想一辈子都待在文学的世界里。父母也知道我沉迷于文学世界而不能自拔，所以即便心里不愿意，但也答应给我提供经济上的支持。为了减轻父母的负担，我就事先去了解了一下国家及学校的奖学金政策。但当我了解到，只有从事教授们希望产出成果的冷门领域的研究才能获得奖学金后，我才明白过来，读研究生并不意味着自己能学到真正想学的东西。也就是说，为了得到经济上的补助，我必须学习权威人士希望我学习的东西，而不是我自己想学习的东西。

如果经济上不独立，再非凡的事情也会失去意义。你必须接受别人的选择，而不是自己的主动挑选。你必须让自己变成手段，以达成资助方想要的目标。认清到这个事实后，我改变了主意：放弃考研，毕业后直接就业。今后无论做什么事，我都把经济上的独立放在第一位，因为金钱是维护生活尊严的最基本要素。

不过，对金钱的渴求必须到此为止。金钱可以让自己独立，也能为他人做贡献，即金钱只是为了实现更高价值的一种手段，当超出这一范畴，开始执着于钱本身并对此过分贪婪的时候，我们的尊严也会随之灰飞烟灭。当由此引发了与他人的矛盾，出卖了自己的灵魂和人性，做出了不道德的行为的时候，更是如此。一旦金钱成了目的，人成了手段，那么尊严就荡然无存。

每每看到那些家底殷实，不需要工作的人，我们大抵都会心生羡慕。但大多数这样的人其实每天都会因为尊严问题而内心备受煎熬：一方面，在外可以表现得不愁吃穿，也可以用金钱去帮助他人，但最终却只能依赖自己的金主；另一方面，他们又时时刻刻希望自己的能力和存在价值能够得到他人的认可。

这样把金钱和尊严联系起来，似乎可以从更现实的层面来讨论从哪里出逃，又逃到哪里去。我们应该逃离的地方，就是当前挫伤我们自尊的处境，包括没有工作、没有钱导致的经济不能独立，自身的存在不是目的而是手段等。而我们要逃往的地方就是与之相反的处境：建立在工作和金钱基础上的独立，"我"这个存在不是手段而是其本身的目的。

不要成为任何人或事物的手段

有一种人从出生起，就不是以自身为目的，而是作为他人的手段存在的，那就是克隆人。当然，目前在现实世界中并不存在克隆人。然而随着基因克隆技术的日益发展，狗、猴子等动物的克隆实验已经屡屡获得成功。也许现在这已经不是技术上的问题，而是伦理道德上的问题了。

克隆人在未来出现的可能性极大，再加上本身自带伦理话题，因此很久之前就被用作电影和小说的素材。2017年诺贝尔文学奖获得者石黑一雄的代表作《别让我走》（*Never Let Me Go*）就是其中之一。

小说中有一所名为黑尔舍姆的寄宿学校，那里的学生不能沾烟酒，饮食也受到严格控制。这些孩子生来接受的就是这样的教育，全然不知如何抵抗。这所看起来阴森冷酷的学校实际上隐藏着巨大的秘密：在这里上学的学生都是克隆人，他们生来就是作为人类的器官供体而存在的，这也是他们的身体健康被特别关照的原因。不过幸运的是，相较于其他地区的克隆体只是像动物一样被饲养，黑尔舍姆的学生们却得到了较为人性化的待遇。当然，他们所受的这些教育也仅仅是为了更好地供应器官。

与迈克尔·贝（Michael Bay）导演的电影《逃出克隆岛》（*The Island*）不同，黑尔舍姆的克隆人已经知道了自己存在的理由，但他们却坦然接受了命运的安排。《逃出克隆岛》中的克隆人会逃跑，也会和人类战斗，而《别让我走》中的克隆人甚至连逃跑的想法都没有。

这里说的不是别人，其实就是我们自己。我们小时候受教育的目的是维持整个国家体系的运转。我们要提供劳动力，足额纳税，消费企业生产的产品，组建家庭并实现劳动力再生产，还要履行国防义务。我们在学校接受教育，就是为了成为一个能忠实地完成这些事项的成年人。

虽然不是用作器官供应这一可怕的目的，但在某种程度上，我们的存在也更接近于手段，而不是目的。有时候，我们甚至不如黑尔舍姆的学生那般自由。当我们意识到自己和他们没有太大区别时，才逐渐理解他们那种不抵抗的顺从行为。

《别让我走》中的克隆体们唯一寄予希望的地方，就是如果遇到真爱，器官供应就可以推迟三年的传言。尽管他们也明白传言未必是真，但还是靠着那一线希望撑起了沉重的未来。关于性或爱情，他们并没有学习过，因此他们摸索着去寻找真爱，而且对真爱的感知会比常人来得更加浓烈，无论是哀伤还是幸福。人类的信仰和爱情不也类似吗？幻想着有了它，自己就会得到救赎。虽然只是幻想，但没有它的生活是多么的索然无味。

只要这份爱情成真，一切都会好起来——抱着这种信念生活的人是美丽的。这样的世界看起来似乎更加美好，因为现实世界往往更加丑陋，就像《黑客帝国》（*The Matrix*）中的世界要比外面的世界更美丽一样。

任何把我们当作手段的人，一定希望我们一直沉醉在这样的美好之中。也正因如此，人们才会被灌输逃避的行为是懦弱的、不必要的、不美好的观念。我们不能像黑尔舍姆的学生那样教什么就学什么，也不要只按照别人的要求生活。我们不是为别的事物而生的存在。无论别人说什么，"我"这个生命体存在本身，就是终极目的。

捍卫自尊的公正的观察者

在现代社会，我们之所以被手段化或将他人手段化，大部分都是因为金钱。如今最能体现我们身份的词就是"消费者"——只有成为具有购买力的顾客，我们才能享受到不用质疑的亲切和好意。同样的事情也发生在职场当中。而年轻的英国富豪罗伯·摩尔（Rob Moore）在其著作中，更是赤裸裸地提出要利用他人的时间、才能和勤奋来赚钱。也许现代资本主义社会中的成败，就是取决于手段化的对象，无论是他人还是自己。这就是尊严难以维护的原因，因为稍有不慎，我们就可能在生活中把自己和他人都当作赚钱手段，即使并没有做出特别不道德的行为。

越是在这样的时候，我们越需要牢记古典经济学家亚当·斯密（Adam Smith）的忠告。亚当·斯密提出了"看不见的手"，被尊称为自由主义市场经济之父。但这里我们要关注的是那个写出了《道德情操论》（*The Theory of Moral Sentiments*），作为伦理学家的亚当·斯密。亚当·斯密从未将自己视为经济学者，毕竟那个年代连"经济学"这个词都没有。

18世纪是资本主义在欧洲高速发展的时期。那是一个商业活跃、生产力飞速提高，一部分人的财富也因此不断积累的时期。这部分人对金钱的认知也自然与之前不同，因为人类的欲望是无止境的，拥有的越多，想要的就越多。亚当·斯密对财富的洞察之所以有意义，原因就在于他承认人类的自私，并相信通过这种方式可以实现社会的发展。同时，他比任何人都更恳切地希望人类的尊严不因金钱而受到践踏。

从书名就可以推测，他强调的不是理性，而是感性，更具体来讲，就是对他人的同理心。自私是我们的本性，但有时我们也会出于本能与他人共情，对他人的悲伤感同身受，想要提供帮助，即便对自己没有任何好处。亚当·斯密说："这种感性的存在是不言自明的。"越是在财富不断增加、金钱日渐重要的社会，越要重视激发原本存在于我们内心的道德感性，即共情能力。

作为一个从不空谈、立足现实的哲学家，他还在书中展示了我们在日常生活中随时可以运用的思维工具，那便是"公正的观察者"。他认为，任何人的心中都存在一个公正的观察者，并建议人们多倾听这个观察者的声音。这与我们常说的"凭良心生活"有点不同。这句话的前提是认同有这样一双眼睛的存在，它比个人的良心更具普遍性和客观性。

一个每天被自己内心"公正的观察者"指责的人，无论多么受欢迎，多么成功，都无法维护自己的尊严。这样的人明白自己不值得被尊重，就在错误的道路上越走越远。与此同时，他们又看到仍然有很多人追随自己，深切感受到金钱和名声的威力，但又厌恶人们的势利。在从厌恶自己到厌恶他人的闭环中，世界也变得越来越糟糕。

细细想来，一直以来拯救我的都是"公正的观察者"。生而为人，谁都有可能犯错，做出自私的选择，继而对他人造成折磨，我也曾如此过。但当我意识到以后，公正的观察者每一次都会出现，提醒我注意。我听了观察者的话，得以阻止问题进一步恶化，同时努力理解他人的内心。这与看别人的眼色，受他人目光的摆布完全不同。

只要不是共情能力明显低下的人，他人的感受和心情都会原封不动地反馈到自己这里。观察身边人的心情，让他们把正能量传递到自己身上，这对自己也是好事。

在任何时候都别忘记，我并不是我生活中的主角，而是和很多人共同生活的"市民甲"。越是珍视自己的自恋者，其自尊反而越容易受到伤害。如果你正困在自我的牢笼里，那么现在就应该多倾听"公正的观察者"的声音，他们正在某个地方大声疾呼——快跑，离开那个牢笼。

为了恢复尊严，找回生命的意义，人们必须走出自我的牢笼，重塑共同体感觉。要多加训练，让自己的内心更多、更深入地感受别人的内心。这也是为什么我们要读书、看电影、听音乐和欣赏艺术作品。摆脱自我，触及他人的心灵；尊重所有人的想法，不将其当作手段。捍卫个人尊严的伟大事业正是取决于以上点滴的努力。祈祷上帝保佑我们的罗斯瓦特先生挥手说道：

> 你好，小宝贝们。欢迎来到地球。这里夏天热，冬天冷，又圆又湿又拥挤。在这里，你最多活个一百年。小宝贝们，告诉你们一条我知道的规则吧：你必须善良。

向着无价的价值，逃离愚蠢的世界，
前往有尊严的世界。

第 10 章

对离开自己的一切，微笑说再见

如果你向往能选择逃避的生活，那么你也应该宽容那些从你身边逃开的人，因为有些东西不是我们想要就能得到的；因为随着时间的流逝，所有的关系都会发生变化；因为造成这种结果的原因，我们无法完全知晓。

被重要的人抛弃时的领悟

在我 33 岁那年的一月，发生了一件让我备受打击的事情。有个朋友说自己有事情需要想明白，得去潜水一个月，就这样，他直接从我的人生中消失了。由于潜水是他的兴趣爱好，所以一开始我并没有太在意。可一个月后，他还是没有出现。发消息没回复，打电话也不接。我以为他延长了潜水的行程，直到后来才发现他只是从我的生活中消失了。他与其他朋友的关系都没有发生任何变化，唯独我在他的人生中被删除了。

他是我相识十五年的密友。我们一起在大邱读高中，在首尔读大学，其间又回到大邱一起服兵役，退伍后我们还一起在爱尔兰待了几个月。在我的婚礼上，他还诵读了祝福贺词。他是我最常联系、最交心的好友，也是最能跟我开无聊玩笑、相互取乐的朋友。可就是这样的朋友，有一天却突然疏远了我。

我花了很长时间才接受了这个事实。我想这其中一定有什么原因，他以后会为我解释，但他始终没有给我这个机会。任凭我思前想后，绞尽脑汁，都没有猜出其中的缘由。这种"意外"是最折磨人的。如果我犯了错误但自己没有意识到，他应该过来骂我一顿，要个说法，这才是对我们十五年的友情最起码的尊重。但结果却是我被无缘无故地抛弃了，我的人生还留下了一道伤疤。

人在一生中，肯定会与许多重要的人离别。或是"道不同，不相为谋"，或是因为矛盾心生嫌隙，又或是层次差异凸显，无法再继续交流。这些离别都是有原因的，如果的确情有可原，那么不管有多痛苦，也还是能接受的。

但我却完全找不到任何头绪。相较于对朋友的怨恨，我更怀疑自己。要是自己没做错什么或没什么问题，这种事断然不会发生。而我那时连自己错在哪里都不知道，这更让我从心底里认为自己或许就是一个不道德的人。我开始觉得自己的为人有瑕疵，在人际交往中也逐渐失去了自信。我感到万分羞愧，也不敢找妻子倾诉，就这样自怨自艾了好几年。但随着时间的流逝，有件事变得清晰起来，那就是：不要用不确定和无用的推测来折磨自己，也不要埋怨对方，只需要根据自己掌握的信息来看待能够理解的事实即可。事实很简单，他不想再跟我做朋友了，细细想来，没有比这个事实更重要的了。原因肯定是有的，但不管那是什么，都已毫无关系。接受了这一残酷的真相后，尽管这个过程很难，但我心里也踏实多了。

站在朋友的立场上看，他不也是鼓起了莫大的勇气吗？方式方法虽然不尽成熟，但他还是根据自己的判断，从我身边逃走了。他不是站在原地不动，而是朝着没有我的反方向奋力跑开，比起含糊地继续维持死气沉沉的关系，可能他现在的生活会更轻松自在吧。

经历了这件事以后，我在与他人的交往中多了一些坦然。比起盲目地示好，适当地保持距离让我更有安全感。我明白，学生时代那种无比舒适的人际关系一去不复返了，不过换来了对认识新人的莫大期待，也感受到了慢慢深入了解他人的乐趣。相较于无比舒适的人际关系，人与人之间保持适度的紧张，在生活的各个方面进行互动，会让关系变得更加融洽。或许正因如此，我读完小说《克拉拉与太阳》（*Klara and the Sun*）才深受感动。这本书讲述了一个身患疾病的少女和她的人工智能朋友之间的友谊，这种讲述两个不同存在之间的友情的故事情节尤其吸引我。

长辈们常说"年纪大了就很难交到新朋友"，这是不对的，而他们所谓的"朋友越久越好"也只说对了一半。重要的不是年龄或时间，而是了解与我不同的人的过程。当彼此不再需要进一步了解时，这种关系就失去了活力。硬要维持旧有关系的执念，以及年轻时候那种"只要相处起来不是特别舒服就不是朋友"的观念，都只会让我们的内心更加煎熬。

如果你向往能选择逃避的生活，那么你也应该宽容那些从你身边逃开的人，因为有些东西不是我们想要就能得到的；因为随着时间的流逝，所有的关系都会发生变化；因为造成这种结果的原因，我们无法完全知晓。

被抛弃的恐惧

　　我们都害怕被抛弃。在人类还过着部落生活的时候，被他人拒绝就意味着生存受到威胁。往近点说，出生后还是个婴儿的时候，被父母抛弃就意味着无法继续存活。生来柔弱的人类，即便成年后，也会陷入无休止的焦虑之中，生怕被单位上司、老朋友、心爱的恋人抛弃。这与一个人的自尊有着直接的关系，越是自尊不够健康的人，对被抛弃的恐惧就越大。

　　同我之前的现身说法类似，被某个朋友或群体莫名其妙地抛弃，这种故事相当常见。一直以来，我们人类焦虑或恐惧的对象都是很好的故事素材，更不用说文学本身就是提前模拟随时可能发生的不安和恐惧的最佳手段。

　　村上春树的长篇小说《没有色彩的多崎作和他的巡礼之年》(『色彩を持たない多崎つくると、彼の巡礼の年』)也讲述了一个被抛弃的故事。三十多岁的铁路公司职员多崎作，在大学二年级时莫名其妙地被四个最好的朋友绝交，之后他便一直生活在绝望中。他向心爱的恋人诉说这段经历，在她的鼓励下开始了自己的巡礼之年，启程去拜访那些抛弃自己的朋友。他满怀着希望踏上了征途，想弄清楚朋友们离开自己的原因，并找回当年自己失去的东西……

　　比起推理小说追查谁是犯人，寻找自己被抛弃的理由更具有吸引力，这是因为关系断绝带来的恐惧或许更甚。对于目睹了他人从我身边逃走，尤其是于自己而言很重要的他人，我们个人的内心是很难平静下来的。

试图跨越时空去寻找某种真相，这种行为到底会给我们带来安慰还是绝望，我们无法预知。像俄狄浦斯王[1]那样，无法面对痛苦的事实，他最后只能戳瞎自己的双眼；而像多崎作那样，了解到之前原来是有人说了谎，大家的误会最终得以消除，但他之前受过的伤痛会因此消解吗？自己做错了也好，没做错也罢，或许并不重要。即便了解了背后的真相，我们受到的打击并不会有大的改变，因为，最重要的是被抛弃本身。因此对于我们来说，重要的不是寻找真相的过程，而是如何看待从我们身边逃开的人，以及要以怎样的态度送走他们。

我在存在主义中找到了应该采取的态度。存在主义可以从很多角度进行解释，但其核心价值是"主体性的恢复"。在任何语言或解释出现之前，我已经真实存在于这个世界上，作为一个会思考、感受，和行动的主体而存在。当绝望和痛苦来临的时候，如果自己不能成为主体，就什么问题也解决不了。

要理解这一命题，最好读一读米兰·昆德拉的小说《告别圆舞曲》(*La valse Aux Adieux*)。小说主人公奥尔加自幼丧母，在她7岁的时候，父亲作为政治犯被处决，她也成了一名孤儿。之后，她由父亲的挚友雅库布照顾抚养，后者将其视如己

1　希腊神话人物。——编者注

出，这在奥尔加成年后也未曾改变。直到有一天，厌倦了政治斗争的雅库布在其出国申请被批准后，下定决心要离开自己的祖国。他找到奥尔加作最后的道别，对于奥尔加而言，这又是一个重要的人离开自己的时刻。

但奥尔加不怕落单。她想恢复主体性，重新定义自己和雅库布的关系。她希望摆脱原本的"父女"关系，与雅库布建立对等的男女关系，于是她对雅库布进行了诱惑。这一行为不是为了把即将离开的雅库布留在自己身边，而是为了从两人的关系中恢复自我的主体性。正因为有了这种态度，所以从奥尔加的脸上自然看不到落单者的悲伤和焦虑，她最后只是微笑着目送了那位重要的人离开。

如何共同生活而不被焦虑所吞噬

存在主义哲学家克尔凯郭尔（Kierkegaard）认为，所有人的内心深处都蕴藏着某种焦虑：被世界抛弃，被他人甚至神灵遗忘。这种焦虑会让人们不断地观察家人或朋友等是否有抛弃自己的迹象。那些被随时可能遭受遗弃的焦虑吞噬的人，被无法自拔的孤独和郁闷困扰的人，最终会走向深渊。因此从某种程度上说，如何应对这种焦虑，决定了你在精神层面的生活质量。

克尔凯郭尔提出的应对方法很简单。人类生来就是被遗弃而来到世界上的，所以要接受这个事实，学着习惯焦虑。我们理应认识到不焦虑才是不正常的，焦虑反而是自己活着的证据。

《身份的焦虑》（*Status Anxiety*）一书的作者阿兰·德波顿（Alain de Botton）也指出："生活就是用一种焦虑代替另一种焦虑，用一种欲望代替另一种欲望的过程。"如果你把焦虑当作理所当然的事情，你就会意识到适当的焦虑能鞭策我们前进，是让我们变得更好的原动力。

回想起来，正是这种焦虑成就了现在的我。就读于男子初中的我，整整三年没有和女性朋友说过一句话，所以刚进入男女同校的高中时，有一段时间格外地焦虑和紧张。

我也很想结交女性朋友，但相比作为男性得到别人的喜爱，我更向往作为朋友被人喜爱的感觉。当然，如果对方不认可我这个朋友，我也会很焦虑，而这种焦虑鞭策着我奋发向上。为了成为更好的自己，我更加努力学习与锻炼身体，学会倾听对方的故事，对他们的烦恼感同身受，并努力逗朋友开心。我也明白一味地逢迎讨好会让自己的人格魅力大减，所以也会刻意保持适当的距离。

高中的三年时光对我产生了巨大的影响。我学会了如何同对方成为朋友，无论男女；身边的女性朋友越来越多，对异性的成见也消失得无影无踪；明白了交流在人际关系中的重要性，也懂得了如何平衡独处和社交的时间。总而言之，我掌握了维持生活平衡的方法。这是为得到朋友的喜爱、为成为更好的自己而拼命努力的结果。

有一次我给同事们讲了学生时代的故事，一位后辈说自己也是这样，就是那种"求关注的人"。我没有当场反驳，觉得他说的好像就是事实。但还有一种比这更有意义的见解，那就是每一个人都在"求关注"，都渴望被关注，所以我们才会不断感到焦虑，而这种焦虑恰恰证明了我们还活着。

我们走出一个焦虑，就会进入另一个焦虑，但重要的是不要被焦虑吞噬，而是要克服它们，尽最大努力成为更好的自己。如果我被焦虑吞噬，什么都不做，一心修筑保护自己的城墙；如果我从一开始就害怕受伤，从不向任何人敞开心扉，那么我会在一个更小的世界里寻找到安全感，但同时也更加焦虑，因为自己压根感受不到活在这世上。我一刻也不想那样生活。所以，为了得到他人的喜爱而努力，是直面会被别人抛弃和伤害的勇敢行为。这也践行了存在主义的应对方式——坦然地接纳焦虑。

不过，即便非常努力，也不可能被所有人接受，甚至还会被自己最珍视的人抛弃。这种事例比比皆是，比如自己的朋友们齐聚一堂去喝酒，唯独自己没有收到邀约，这时候只要选择直接表达不满，或是隐藏得严严实实装作什么都没发生过一样就可以了，毕竟类似的伤心和遗憾的事情随时都有可能发生在每一个人身上。

任何人都可以随时从我这里出逃，正如我可以随时逃走一样。到那时，就像我们第一次坦然接纳焦虑一样，同样坦然地接受有人从我们这里出逃吧。走向他人，前往更广阔世界，不总是伴随着这样的风险吗？有得必有失，但有失也会有所得。在任何时刻，都不要忘记自己是人生的主体。我们会跌倒和受伤，但同时我们也变得更坚强，成为更好的自己。

再见！
祝你生活愉快。

我也会好好生活的。

后　记

如何主动行动

　　当我小心翼翼地向一位要好的同事透露自己正在写一本以逃避为主题的书时，他的反应非常直接，说自己最讨厌逃避，那种不负责任抛下一切逃避的人太差劲了。而我满脑子想的还是对逃避的赞美，所以对他的反应一时之间还有点不知所措。但我也很快意识到，这实际上是大家的普遍观念。而本书的写作目的也随之变得清晰起来——改变这种普遍观念，哪怕只有一点点；打开那位对逃避深恶痛绝的朋友的心扉；打造一个共同思考和交流逃避意义的平台；再不济，也要让人们知道世间还有一种生活，比当下的苦苦支撑更值得他们去追寻。

　　这本书真的能达到上述目的吗？结果可能与我设想的不尽相同，而最终这一切都要由读者决定。但至少对我来说，在本书的写作过程中，很多事情都发生了变化。首先，我创办了自己的出版社，这原本只是存在于脑海的一个构想。我之所以离

172

开深爱的公司，鼓起勇气自立门户，本书的写作过程本身就起了很大的帮助作用。实际上这也算不上逃避，但我发现迎接新挑战需要的勇气和逃避所需的勇气相差无几。

其次，我逐渐从自我中摆脱出来。少考虑自我，多想自我以外的东西，让我重新发现了身边那些珍贵的人，对他们也更加亲近友善。我勇敢地建立新的关系，学习新的东西，大步迈向新世界。我努力让身体比头脑更灵活，尝试了平生第一次冥想。就这样，通过走向外面的世界，我发现自己可以活得更像自己。

懂得积极争取自己想要的东西，中途如果觉得不对就勇敢地放弃，即便会承受巨大的沉没成本。对于无可奈何的事情，也学会了坦然接受。可能听上去有些傲慢，但我还是想说，自己有信心更接近哲学家爱比克泰德（Epictetus）追求的终极状态，用神学家传世的祷告词来说，就是：

> 上帝，请赐予我宁静，去接受我不能改变的一切；
> 请赐予我勇气，去改变我所能改变的一切；
> 并请赐予我智慧，去分辨这两者之间的区别。

我不想像序言中杰夫·戴尔说的那样，在反复的落座和起身间虚度光阴，也不想像乔治·伯纳德·萧那样，在墓志铭留下一句"我早就知道无论我能活多久，这种事情一定还是会发生的"后撒手人寰。我想过自由自在、自行支配的生活，而不总是在苦苦硬撑。即使冒着失败的风险，我也希望能想尽办法主动行动，走向新的世界。对我来说，写这本书就是寻找"如何主动行动"这个问题的答案的过程。

也许你觉得"主动行动"很容易，但事实上，我们的生活并不是在空荡荡的地面上行走，而是在海浪上摇摆。正如大海上没有一个相同的海浪，对于我们来说，每一天都是崭新的。而像冲浪老手一样摆正身姿，在海浪中自由地穿行是非常困难的，所以我们大部分人只是任由海浪摆弄，而不会起身主动驾驭。每天过着重复的日子，今天像昨天一样，明天又像今天一样，静静地等待命运的安排，而一旦遇到困难，就只是硬撑下去，如同等待着风平浪静的时刻到来，过着完全被动的生活。

只有学会主动行动的人，才能摆脱这样的日子，过上自己想要的生活。他们明确地知道自己想要的波浪是什么样子的，坚信有一天属于自己的海浪终会到来，并为之提前做好准备。等期待已久的海浪到来时，他们就会快速冲上去，朝着自己想要的方向继续前进。本书中所谓的"逃避的技术"，归根结底是关于如何在人生这个惊涛骇浪上随心所欲地行动。这个行动不是眼睁睁看着属于自己的海浪到来后，又胆怯地紧闭双眼，而是学会送走不属于自己的海浪，迎接属于自己的海浪的来临，并能勇敢地上前乘风破浪。

那样去做就不是我了——我们遇到的所有问题都源于这种

与自身的过分牵连。不要害怕摆脱自我，不管波涛有多汹涌，都不要害怕去行动。

> 想法如若束之高阁，便会孤独且无力。只有通过沟通加以修正和完善，才对别人有意义。

按照西奥多·泽尔丁所说，我在这本书中吐露了自己"如若束之高阁，便会孤独且无力"的想法。终于，我也有机会通过与读者的沟通来完善自己的想法。虽然不知道会有多少读者读到这本书，但仍希望我们能以此书为媒介开始新的沟通，并以此修正和完善自身的固有观念，无论是作为作者的我，还是作为读者的你。相信在这种观念发生转变之时，定会绽放意义之花。

插画师的话

这是我第一次以插画师的身份参与非本人所著书籍的创作。说其缘由，一是因为和作者的交情，二是因为喜欢这本书。我生活的基调也是"适时的逃避能拯救人生"，因此这本书让我产生了很大的共鸣。

事实上，我更像是一个宿命论者，觉得每个人都有自己的道路，但没有人知道这条路在哪里。生活中没有地图，不管我们如何听天由命，最终所有的决定都得我们自己来做。所以我们会感到不安，也会走别人走过的路，但这条路很多时候并不适合，自己也因此感到疲惫不堪。

那么如何才能找到自己的路？我的秘诀是善于发现生活发出的信号。如果你被现实困住动弹不得，如果你反复遇到同样的问题和烦恼，这些就是你走进了一条死胡同的信号。而且这些信号不是让你简单地停下来，而是要去走另外一条路，因为现在你走错了路。

如果难以继续前进的时刻反复出现，那就让我们掉头转向一个完全相反的方向吧。这些时刻的选择集合在一起，就会拼凑成你生活的地图。希望这本书能帮你找到你想要的路，我也会一直为你加油助威。

　　谢谢大家。

金秀贤